依 M・L・LL 尺寸編織

精典花樣・男子精選手織服

MEN'S
KNIT
SELECTION

CONTENTS

●本書是從「標準男子毛衣」「高級男子毛衣」「基本男子毛衣」「日常穿搭的男子毛衣」「每天都想穿的男子毛衣」（書名皆為暫譯）等書中挑選作品、重新編輯而成。作法的標示會因作品不同而有所差異。

●本書的作品織法，除了小物以外，一律依照M‧L‧LL3種尺寸作為標示。作品主要是以M SIZE製作，L‧LL SIZE的線材份量則為參考。
另外，在製作時，可以下表（淨體尺寸）作為參考，但各作品也會因設計的差異，以致胸寬、長度、保留鬆度的方式而有所不同。請確認織法頁的作品尺寸（完成尺寸），並試著與手中現有毛衣的尺寸作一比較。

	身高	胸圍	腰圍
M	160～170cm	84～92cm	72～80cm
L	170～180cm	90～98cm	78～88cm
LL	175～185cm	96～104cm	86～96cm

本書的作品中，使用Hamanaka手藝手編線、Hamanaka Ami Ami樂樂雙頭鉤針。關於線材與工具，則請洽詢以下資訊。

Hamanaka株式會社
http://www.hamanaka.co.jp
〒616-8585京都市右京区花園薮ノ下町2番地の3

ARAN SWEATER

How to make » p.41

design
大森さゆみ
making
中村美惠子
yarn
Hamanaka
Men's Club MASTER

直條紋艾倫花樣毛衣

讓人想擁有一件的艾倫花樣毛衣。
由鬆緊針接續編織的麻花，強調直條紋的艾倫花樣，營造俐落感。

CREW NECK VEST

How to make » p.44

design
鎌田恵美子
making
ニット工房山口
yarn
Hamanaka
Men's Club MASTER

麻花圓領背心

不對稱的設計令人印象深刻。
從右肩筆直切入的麻花形成特色焦點。

FRONT OPENING VEST

How to make » p.46

design
山本玉枝
making
佐藤せい
yarn
Hamanaka
Men's Club MASTER

前開襟簡約背心

不分世代皆能穿搭的簡約款背心。
於平面編上點綴了顯得漂亮有型的大麻花。

STRIPED CAP

How to make » p.48

design
笠間 綾
yarn
Hamanaka Aran Tweed

條紋花樣毛帽

配置成4等分的變化飾邊的條紋花樣,獨具新鮮感的毛帽。
花呢羊毛線特有的毛結也形成了特色重點。

FISHERMAN'S SWEATER

How to make >> p.49

design
岡本真希子
yarn
Hamanaka
Men's Club MASTER

漁夫毛衣

以交叉麻花紋為特徵的漁夫毛衣。
會讓人想在衣櫥裡添放一件的冬季必備單品。

V-NECK VEST

How to make ≫ p.52

design
鄭 幸美
making
千葉里子
yarn
Hamanaka Aran Tweed

V 領麻花背心

擁有一件麻花背心，絕對是方便穿搭的單品。
散發著微妙色調的花呢毛線顯得特別時尚。

ARAN
SWEATER

How to make » p.55

design
兵頭良之子
making
ユキエ
yarn
Hamanaka Aran Tweed

拉克蘭袖艾倫花樣毛衣

任何場合皆適宜的人氣艾倫花樣。
不必在意肩寬的拉克蘭袖設計，更能穿出整齊舒適感。

V-NECK SWEATER

How to make » p.58

design
河合真弓
making
石川君枝
yarn
Hamanaka
Men's Club MASTER

V領毛衣

V領的領口及縱向添加的條紋花樣，
整體呈現出俐落的印象，百看不厭的設計魅力十足。

ARAN SCARF

How to make » p.64

design
林 久仁子
yarn
Hamanaka Aran Tweed

艾倫花樣圍巾

傳統花樣的圍巾無論任何年齡層皆屬人氣單品。
使用觸感極佳的毛線，編織出輕盈柔軟的質感。

ARAN
JACKET

How to make » p.62

design
河合真弓
making
堀口みゆき
yarn
Hamanaka Aran Tweed

艾倫花樣針織外套

極具編織感的艾倫花樣針織外套。
享受從休閒到傳統，風格多變的穿搭樂趣。

GUERNSEY SWEATER

How to make ≫ p.66

design
りょう

making
中台知恵子

yarn
Hamanaka
Men's Club MASTER

根西花樣毛衣

將根西花樣縱向配置後，呈現出俐落感。
使用典雅的灰藍色毛線，編織出高級風格的穿搭。

CABLE JACKET

How to make ≫ p.68

design
兵頭良之子

making
ユキエ

yarn
Hamanaka Aran Tweed

麻花外套

井然有序排列的麻花，演繹出傳統針織衫的時尚感。
不會過於厚實，輪廓線條也顯得相當美麗大方。

ARAN SWEATER

How to make » p.72

design
鎌田惠美子
making
飯塚静代
yarn
Hamanaka
Men's Club MASTER

格紋艾倫花樣毛衣

不分世代皆可穿著的艾倫花樣毛衣，絕對是衣櫥裡不可欠缺的必備針織品。
中央的格紋花樣令人印象深刻。
由左而右分別為M（藍色）、L（淺駝色）、LL（苔蘚綠）

RAGLAN
SWEATER

How to make ≫ p.74

design
笠間 綾
yarn
Hamanaka
Men's Club MASTER

拉克蘭袖毛衣

縱向條紋花樣與拉克蘭袖組合出簡約風格。
既高雅又時尚的穿搭，令人期待的單品。

CARDIGAN

How to make » p.78

design
河合真弓
making
沖田喜美子
yarn
Hamanaka Amerry L《極太》

口袋開襟羊毛衫

使用粗線編織的開襟衫，當作外套使用也OK。
簡單的花樣設計，不會感到厚重。

16
RIBBED
CAP

How to make » p.71

design
兵頭良之子
making
土橋滿英
yarn
Hamanaka
Men's Club MASTER

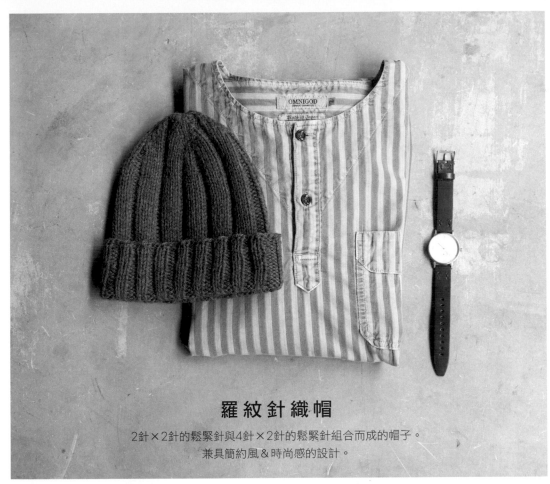

羅紋針織帽

2針×2針的鬆緊針與4針×2針的鬆緊針組合而成的帽子。
兼具簡約風＆時尚感的設計。

17
HAND
WARMER

How to make » p.87

design
岡本真希子
yarn
Hamanaka Aran Tweed

暖手套

麻花花樣的暖手套，非常適合日常使用。
指尖可活動自如，操作手機也相當方便。

TILDEN SWEATER

How to make » p.80

design
風工房

yarn
Hamanaka Amerry

蒂爾登毛衣

領口及下擺處的線條為特色重點的蒂爾登毛衣。
適合搭配出高尚的休閒風格。

TUCK STITCH SWEATER

How to make » p.82

design
横山純子
yarn
Hamanaka
Sonomono Alpaca LILY

引上編花樣毛衣

添加了羊駝毛的毛線，本身觸感細緻柔軟的毛衣。
由鬆緊針接續編織的花樣，強調出縱向線條，使條紋更顯分明。

CABLE CARDIGAN

How to make » p.84

design
會津友人
yarn
Hamanaka
Sonomono Alpaca Wool

麻花開襟羊毛衫

甘撚紗的羊駝毛線具有優異的保暖性。
前襟的不對稱配色給人深刻的印象。

FRONT OPENING VEST

How to make » p.88

design
鎌田惠美子

making
有我貞子

yarn
Hamanaka Aran Tweed

前開襟麻花背心

花呢毛線的織物手感營造出時髦的前開襟背心。
採正統派的設計，絕對是值得珍藏的一件單品。

CREW NECK VEST

How to make >> p.90

design
笠間 綾
making
佐藤ひろみ
yarn
Hamanaka
Men's Club MASTER

地模樣小圓領背心

以小圓領營造出休閒的風格。
有如鬆餅般的地模樣，飽含著空氣感，瞬間提升暖意。

NO.

23

ARAN CAP

How to make » p.92

design
風工房

yarn
Hamanaka Aran Tweed

艾倫花樣針織帽

寒冷冬日裡不可欠缺的針織帽。若是基本的艾倫花樣，
無論任何穿搭都極為合適。

NO.

24

LONG SNOOD

How to make » p.93

design
橋本真由子

yarn
Hamanaka Amerry L《極太》

長版脖圍

蜂巢花樣的凹凸紋路呈現出飽滿且溫暖的長版脖圍。
輕柔地圍上一圈，亦或纏繞兩圈，都能展現出時髦感。

VEST
WITH LINE

How to make » p.94

design
鄭 幸美

making
千葉里子

yarn
Hamanaka
Men's Club MASTER

條紋背心

以沉穩色調與線條營造視覺效果的背心，
適合大人的運動休閒風。
從城市到戶外等場合的穿搭，都能駕馭。

RAGLAN JACKET

How to make >> p.96

design
武田敦子

making
亜砂子

yarn
Hamanaka
Men's Club MASTER

地模樣拉克蘭夾克

將下針、上針簡單地加以組合，編織出洗練帥氣的上衣。
守備範圍極廣的便利型短上衣。

ROUND YOKE SWEATER

How to make » p.98

design
兵頭良之子
making
kae
yarn
Hamanaka Aran Tweed

圓形剪接毛衣

於抵肩上配置了織入花樣的簡約型毛衣。
讓人想用來搭配休閒裝扮的一件單品。

ARAN VEST

How to make ≫ p.100

design
岸 睦子
making
佐野由紀子
yarn
Hamanaka
Men's Club MASTER

V領艾倫花樣背心

無論在商業活動或休閒場合中都相當活躍的V領背心。
艾倫花樣的傳統氛圍也顯得格外出色。

NORDIC STYLE SWEATER

How to make » p.104

design
風工房

yarn
Hamanaka Amerry

TOKYO
NEW YORK
LONDON
MOSCO'
PARIS

北歐風針織毛衣

將北歐風的花樣織入抵肩上的毛衣。
單一色調的漸層相近色也顯得格外的美麗。

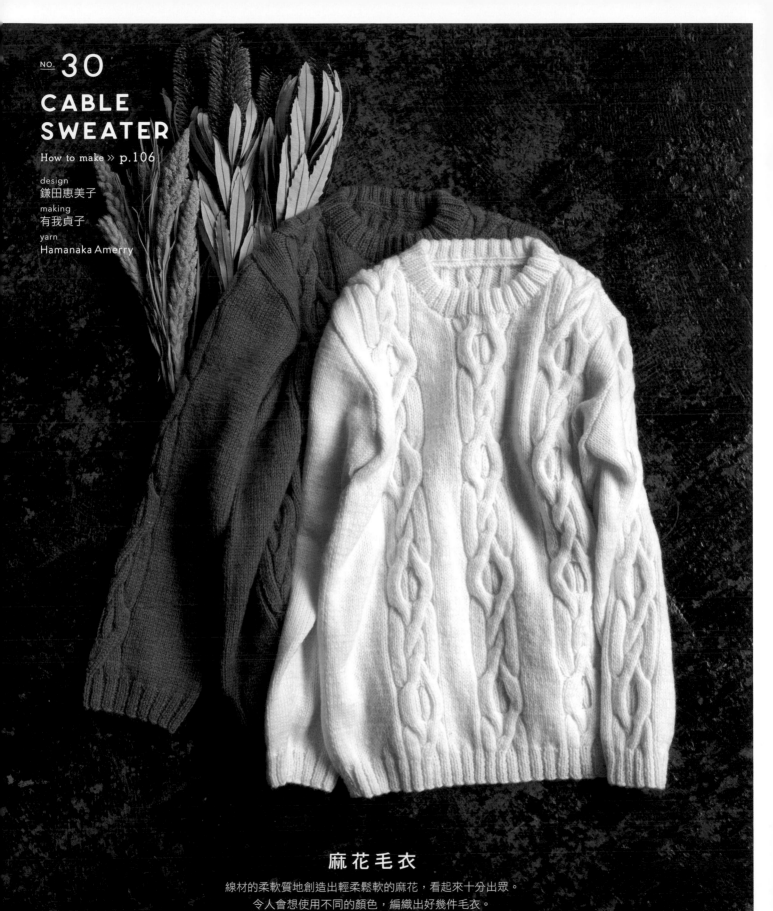

CABLE
SWEATER

How to make » p.106

design
鎌田惠美子
making
有我貞子
yarn
Hamanaka Amerry

麻花毛衣

線材的柔軟質地創造出輕柔鬆軟的麻花，看起來十分出眾。
令人會想使用不同的顏色，編織出好幾件毛衣。
由左往右分別是荳蔻色、自然白（皆為M SIZE）。

SIMPLE SWEATER

How to make » p.108

design
風工房
yarn
Hamanaka Aran Tweed

簡約款毛衣

簡單縱向線條花樣的拉克蘭袖毛衣。
帶有微妙色調的花呢毛線，以及下擺與袖口處的紅色，都顯得格外時尚。

RIBBED
SCARF

How to make » p.61

design
Hamanaka企劃
yarn
Hamanaka Amerry L《極太》

羅紋針織圍巾
方便好用的2針鬆緊針簡單款圍巾。
因為是以粗線大喇喇地編織，所以也最適合編織初學者製作。

FAIR ISLE
STYLE VEST

How to make » p.110

design
風工房

yarn
Hamanaka Amerry

費爾島圖紋背心
完全呈現出美麗的費爾島毛衣精髓。
一段之中最多僅使用到兩色，因此輕輕鬆鬆就能編織完成。

ARAN SWEATER

How to make » p.114

design
風工房

yarn
Hamanaka
Men's Club MASTER

傳統艾倫花樣毛衣

大量交織了鑽石菱紋、麻花、蜂巢紋路等傳統花樣。
容易穿著的拉克蘭袖，讓人不會感覺到厚重感。

NO.
35
ARGYLE
STYLE VEST

How to make » p.112

design
風工房
yarn
Hamanaka
Men's Club MASTER

多色菱格紋風背心

很適合用來內搭於短大衣裡的多色菱形格紋風背心。
不僅是傳統的男性服裝,也極適合休閒風格的穿搭。

SNOOD

How to make » p.113

design
岡本真希子

making
小澤智子

yarn
Hamanaka Aran Tweed

拼接花樣脖圍

有如拼布般組合三種、三色織片而成。
時尚感十足的圍巾飾物，為造型上帶來更大的活躍感。

CABLE SCARF

How to make » p.103

design
河合真弓

making
関谷幸子

yarn
Hamanaka Amerry L《極太》

麻花圍巾

感覺強勁有力的麻花圍巾。正因為是頻繁穿著深色調外出服的季節，
所以明亮色彩的小物更能成為重點裝飾。

NO. 38
CABLE
CAP

How to make ≫ p.118

design
横山純子

yarn
Hamanaka Amerry L《極太》

麻花針織帽

麻花帽子，無論何種打扮都能輕易搭配的單品。
最適合當作禮物送人。

NO. 39
SHORT
SNOOD

How to make ≫ p.119

design
野口智子

yarn
Hamanaka Amerry L《極太》

短版脖圍

頸部周圍的禦寒用品中最受注目的脖圍。
由於使用粗織線，因此兼具厚度及保暖度，輕鬆即可編織完成，令人開心。

本書使用線材

1.
Men's Club MASTER
Wool 60%（使用防縮加工羊毛）
Acrylic 40%
50 g玉卷・約75 m・28色
棒針10～12號　572日圓

2.
Aran Tweed
Wool 90%
Alpaca 10%
40 g玉卷・約82 m・21色
棒針8～10號　鉤針8/0號　715日圓

3.
Amerry
Wool 70%（紐西蘭美麗諾羊毛）、
Acrylic 30%　40 g玉卷・約110 m・52色
棒針6～7號　鉤針5/0～6/0號　638日圓

4.
Amerry L
《極太》
Wool 70%（紐西蘭美麗諾羊毛）、
Acrylic 30%　40 g玉卷・約50 m・15色
棒針13～15號　鉤針10/0號　638日圓

5.
Sonomono Alpaca LILY
Wool 80%　Alpaca 20%
40 g玉卷・約120 m・5色
棒針8～10號　鉤針8/0號　693日圓

6.
Sonomono Alpaca Wool
《並太》
Wool 60%　Alpaca 40%
40 g玉卷・約92 m・5色
棒針6～8號　鉤針6/0號　638日圓

＊價格含稅，為2021年8月當時的價格。照片為實物尺寸。＊線材的款式為參考基準的標示。

＊關於線材，請洽詢Hamanaka株式會社。

NO. 1

直條紋
艾倫花樣毛衣

photo >> p.4

準備工具

[線 材] Hamanaka Men's Club MASTER 茶色
（46）710ｇ＝15球（M SIZE）
L・LL 尺寸用線標準…L SIZE 16球；
LL SIZE 17球

[針] 棒針9號、10號

密度

10cm平方的花樣編B：18針×20段、桂花針：
15針×20段

完成尺寸

	胸圍	背肩寬	衣長	袖長
M	114cm	47cm	67cm	58cm
L	118cm	48cm	70cm	60cm
LL	124cm	50cm	73cm	62cm

織法重點

● 衣身以手指掛線起針，再由下擺處開始編織。起針的第1段成為背面開始的織段。袖襱處減2針以上作套收針，減1針作邊端1立針減針。領口從織線側進行編織，肩部進行邊織邊留針目的引返編之後休針。中央的針目則是於接線後進行套收針，接著再編織剩餘側。

● 袖子起編方式同衣身，袖下於1針內側扭加針。袖山處減2針以上作套收針，減1針作邊端1立針減針，收針時套收針。

● 肩部正面相對疊合後引拔針併縫，挑針綴縫脇邊、袖下。領口則是挑針後，編織扭針1針鬆緊針，收針時作寬鬆的套收針，往內側摺疊後藏針縫固定。

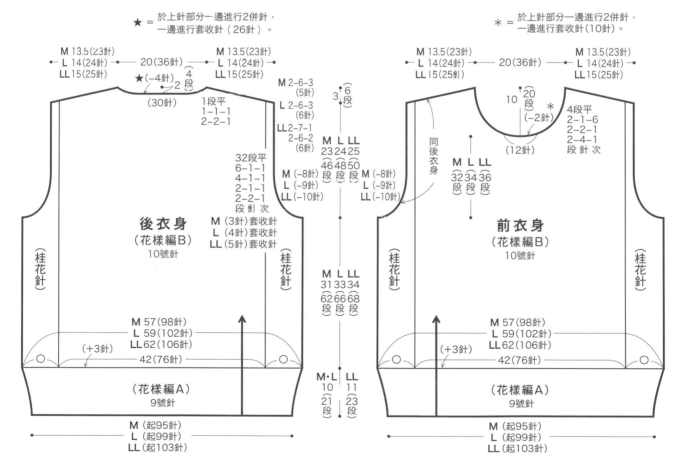

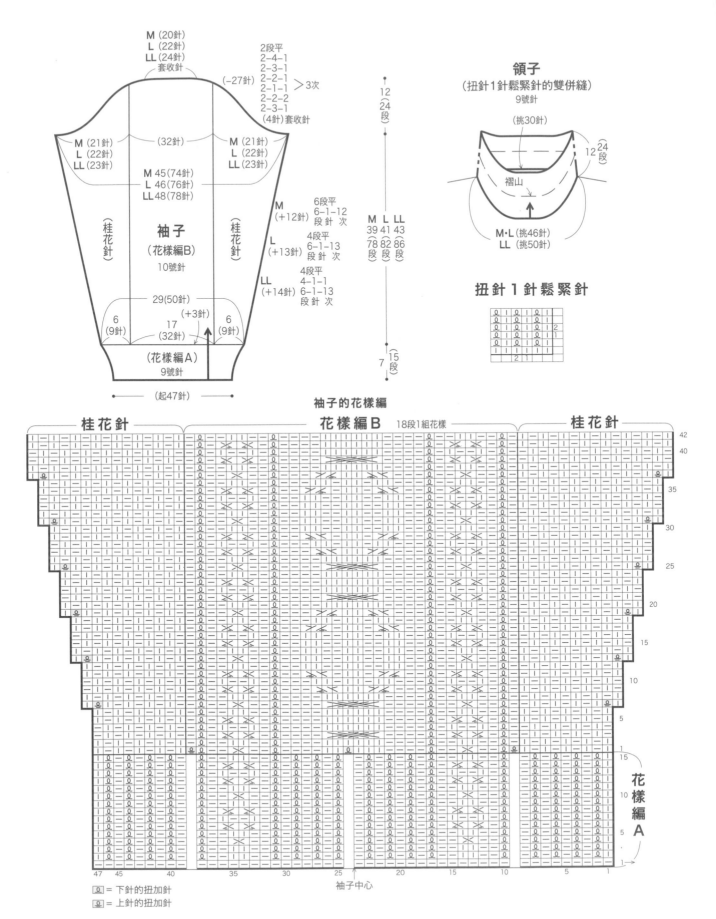

領子
（扭針1針鬆緊針的雙併縫）
9號針

M（20針）
L（22針）
LL（24針）
套收針

2段平
2-4-1
2-3-1
2-2-1
2-1-1 ＞3次
2-2-2
2-3-1
（4針）套收針

（-27針）

M（21針）
L（22針）
LL（23針）

（32針）

M（21針）
L（22針）
LL（23針）

M 45（74針）
L 46（76針）
LL 48（78針）

（桂花針）

袖子
（花樣編B）
10號針

（桂花針）

M
（+12針）

L
（+13針）

LL
（+14針）

6段平
6-1-12
段針次

4段平
6-1-13
段針次

4段平
4-1-1
6-1-13
段針次

29（50針）

（+3針）

6
（9針）

17
（32針）

6
（9針）

（花樣編A）
9號針

（起47針）

12
（24
段）

M L LL
39 41 43
78 82 86
段 段 段

7
（15
段）

（挑30針）

褶山

12（24
段）

M·L（挑46針）
LL（挑50針）

扭針1針鬆緊針

袖子的花樣編

桂花針

花樣編B
18段1組花樣

桂花針

42
40
35
30
25
20
15
10
5

15
10
5
1

花樣編A

47 45 40 35 30 25 20 15 10 5 1

袖子中心

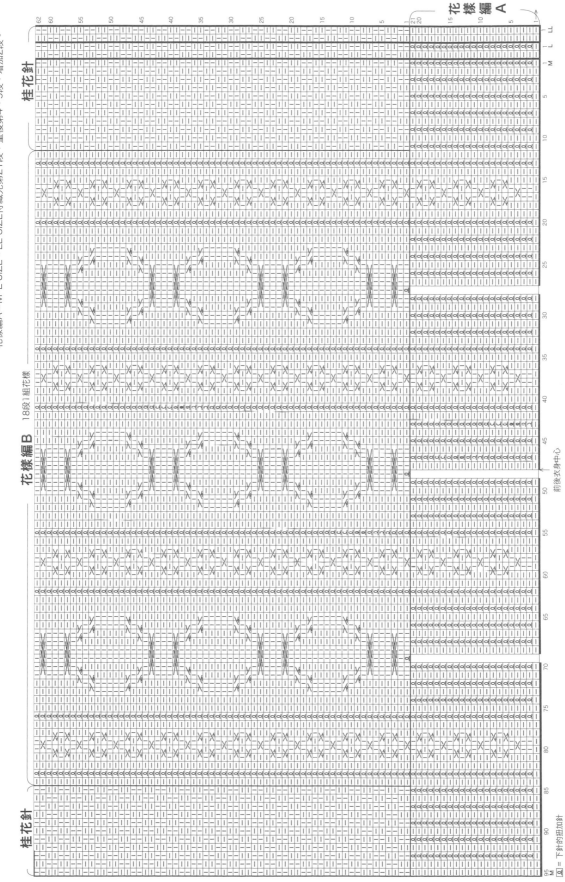

花樣編A

花樣編B 18段1組花樣

前後衣身 花樣編

桂花針

桂花針

＊收針段為M SIZE
花樣編A＝M・L SIZE、LL SIZE、LL SIZE待織完第21段，重複第4、5段，增加2段。

前後衣身中心

回＝下針的扭加針

NO. 2

麻花圓領背心

photo » p.6

[準備工具]

[線材] Hamanaka Men's Club MASTER
淺灰色（56）395 g＝8 球（M SIZE）
L・LL 尺寸用線標準…L SIZE 9 球；LL SIZE 10 球

[針] 棒針 10 號、8 號

[密度]

10㎝平方的花樣編B：16.5針×21段
花樣編C：18針×21段

[完成尺寸]

	胸圍	衣長	連肩袖長
M	110cm	44cm	63cm
L	114cm	45cm	65cm
LL	118cm	46cm	69cm

[織法重點]

● 衣身以手指掛線起針，再由下擺處開始編織。待織完花樣編A，再換針編織。袖襱處減2針以上作套收針，1針則是作邊端1立針減針。

● 領口從織線側進行編織，肩部進行休針。中央的針目則接線後進行套收針，接著再編織剩餘側。

● 肩部正面相對疊合後引拔針併縫，挑針綴縫脇邊。領口、袖襱處由衣身挑針後，編織1針鬆緊針，收針時以1針鬆緊針收縫。

領口、袖襱
（1針鬆緊針）8號針

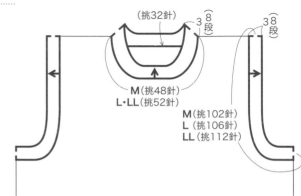

花樣編A

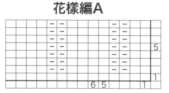

□＝□下針

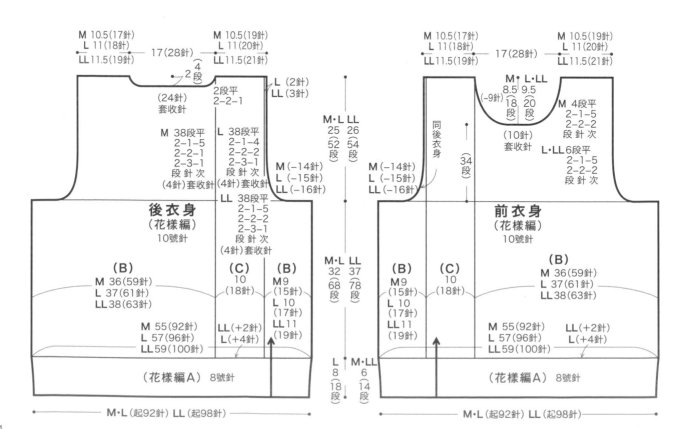

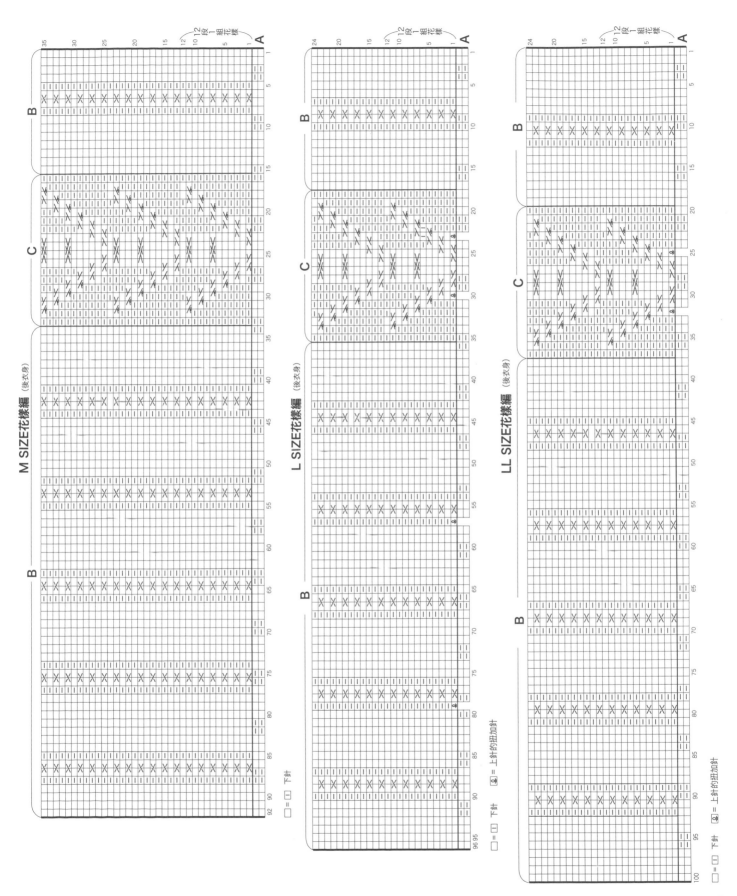

M SIZE花樣編 (後衣身)

L SIZE花樣編 (後衣身)

LL SIZE花樣編 (後衣身)

□=□ 下針　　☑=上針的扭加針

□=□ 下針　　☑=上針的扭加針

□=□ 下針　　☑=上針的扭加針

NO. 3

前開襟
簡約背心

photo » p.7

準備工具

[線 材] HamanakaMen's Club MASTER
藍灰色（51）380 g ＝ 8 球（M SIZE）
L · LL 尺寸用線標準…L SIZE、LL SIZE 各 9 球

[針] 棒針 10 號、8 號

[其 他] 直徑 19㎜鈕釦 5 顆

密度

10cm平方的平面編：15.5針×22段、花樣編：22針×22段

完成尺寸

	胸圍	背肩寬	衣長
M	108cm	42cm	62.5cm
L	110.5cm	43cm	64.5cm
LL	116.5cm	44cm	66.5cm

織法重點

● 衣身以手指掛線起針，再由下擺處開始編織。待織完 1 針鬆緊針，再換針編織。袖襱處減 2 針以上作套收針，減 1 針則是作邊端 1 立針減針。

● 領口作邊端 1 立針減針，肩部進行休針。中央的針目則是於接線後，進行套收針。

● 肩部正面相對疊合後以引拔針併縫接合，挑針綴縫脇邊。前襟‧領口、袖襱處由衣身挑針後，編織 1 針鬆緊針，於左前襟上製作釦眼。收針時以 1 針鬆緊針收縫。縫上鈕釦後，製作完成。

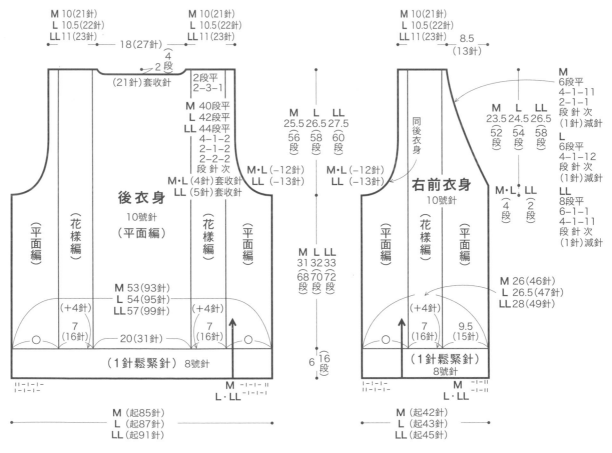

花樣編

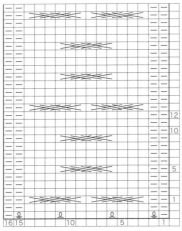

□ = ① 下針
② = 下針的扭加針
② = 上針的扭加針

前襟·領口、袖襱
（1針鬆緊針）8號針

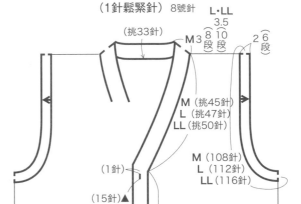

前襟·釦眼 (M SIZE)

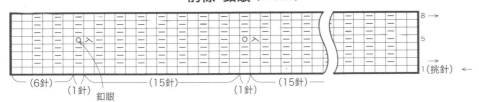

前襟·釦眼 (L·LL SIZE)

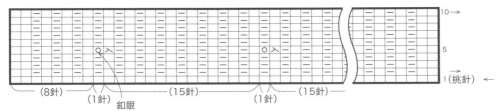

NO. 4

條紋花樣
毛帽

photo » p.7

[準備工具]

[線材] Hamanaka Aran Tweed 灰色（3）30
g＝1球、藏青色（11）20g＝1球
[針] 棒針8號

[密度]

10cm平方的條紋花樣編：15針×26段

[完成尺寸]

頭圍 50 cm、帽深 20 cm

[織法重點]

● 手指掛線起針編織成圈。由帽緣處以2針鬆緊針開始編織。接著編織條紋花樣編，帽頂參照織圖進行減針。於收針段的針目穿線後，縮口束緊。

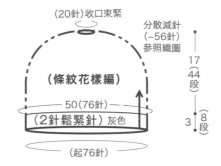

（20針）收口束緊

分散減針
（−56針）
參照織圖

17
(44段)

（條紋花樣編）

50(76針)

（2針鬆緊針）灰色

3 (8段)

（起76針）

條紋花樣編

配色 {
□ = 灰色
■ = 藏青色
}

□ = ① 下針

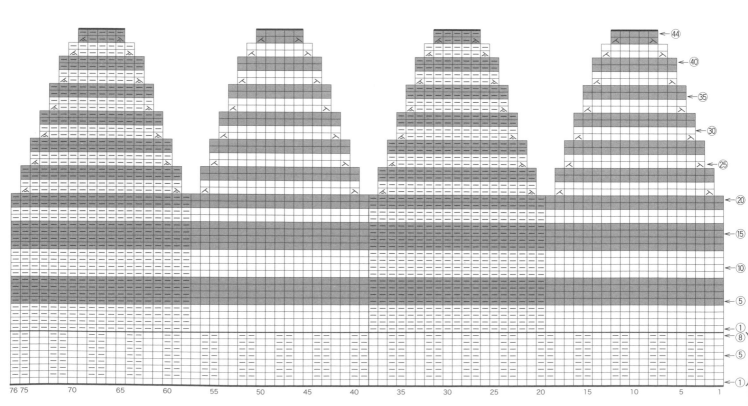

NO. 5

漁夫毛衣

photo ≫ p.8

準備工具

[線材] Hamanaka Men's Club MASTER 藍色（69）615 g＝13 球（M SIZE）
L・LL 尺寸用線標準…L SIZE 14 球；
LL SIZE 15 球

[針] 棒針 10 號、8 號

密度

10cm平方的平面編：14.5針×21段、花樣編A：19針×21段、花樣編B：17針×21段

完成尺寸

	胸圍	背肩寬	衣長	袖長
M	108cm	40.5cm	65.5cm	60cm
L	114cm	42.5cm	67.5cm	63cm
LL	120cm	44.5cm	69.5cm	65.5cm

織法重點

● 衣身以別鎖起針，再由下擺連接處開始編織。袖襱、領口處減 2 針以上作套收針，減 1 針則是作邊端 1 立針減針。肩部編織引返編之後休針。下擺則編織 2 針鬆緊針，收針時進行2針鬆緊針收縫。

● 袖子起編方式同衣身，袖下則是於 1 針內側進行扭加針。收針段織套收針。

● 肩部進行套收併縫。挑針綴縫脇邊、袖下。挑針後編織領口，收針時作寬鬆的套收針，並往內側摺疊後藏針縫。引拔綴縫併接袖子與衣身。

※無標示尺寸區分時，表示各尺寸通用。

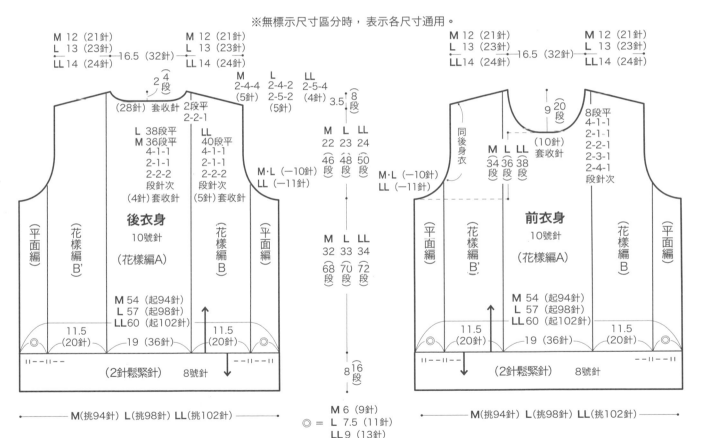

2針鬆緊針

□ ＝ │ 下針

※2針鬆緊針收縫參照P. 87。

領口（2針鬆緊針雙併縫）8號針

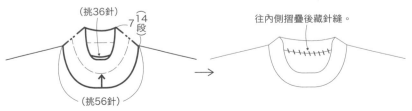

往內側摺疊後藏針縫。

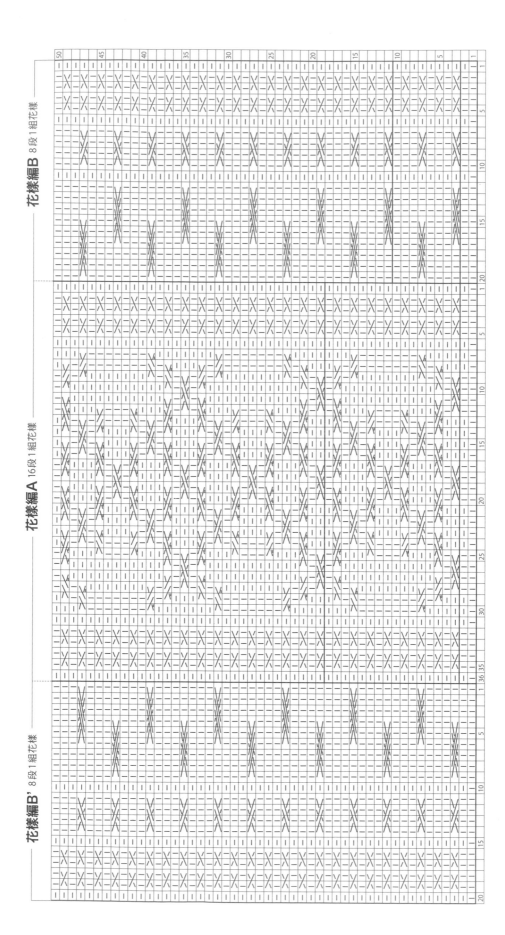

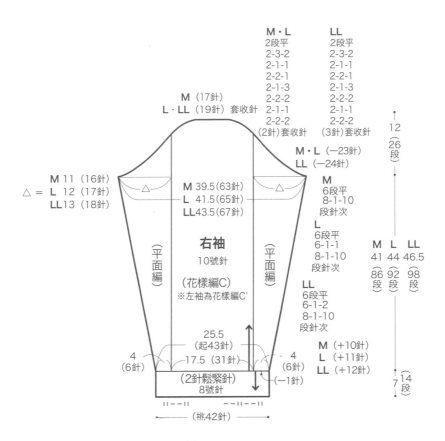

M・L
2段平
2-3-2
2-1-1
2-2-1
2-1-3
2-2-2
2-1-1
2-2-2
(2針)套收針

LL
2段平
2-3-2
2-1-1
2-2-1
2-1-3
2-2-2
2-1-1
2-2-2
(3針)套收針

M (17針)
L・LL (19針) 套收針

M・L (ー23針)
LL (ー24針)

M
6段平
8-1-10
段針次

L
6段平
6-1-1
8-1-10
段針次

LL
6段平
6-1-2
8-1-10
段針次

M (＋10針)
L (＋11針)
LL (＋12針)

M 11 (16針)
△ = L 12 (17針)
LL13 (18針)

M 39.5 (63針)
L 41.5 (65針)
LL43.5 (67針)

（平面編）

右袖
10號針

（花樣編C）
※左袖為花樣編C'

（平面編）

25.5
(起43針)
17.5 (31針)

4
(6針)

4
(6針)

(ー1針)

(2針鬆緊針)
8號針

‖ーー‖   ーー‖ーー‖

（挑42針）

12
(26段)

M   L   LL
41 44 46.5
(86 (92 (98
段) 段) 段)

7
(14段)

花樣編C（右袖）

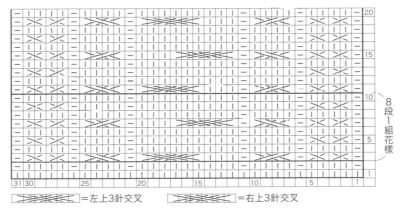

| ⟩⟩⟩⟨⟨⟨ |=左上3針交叉 | ⟩⟩⟩⟨⟨⟨ |=右上3針交叉

8段1組花樣

花樣編C'（左袖）

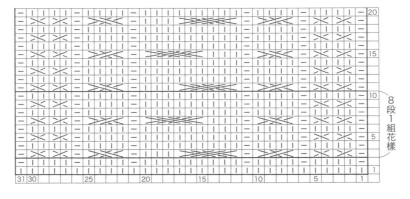

8段1組花樣

NO. **6**

Ｖ領麻花背心

photo » p.9

[準備工具]

[線材] Hamanaka Aran Tweed 灰色（3）
340ｇ＝9球（M SIZE）
L・LL 尺寸用線標準…L SIZE 10
球；LL SIZE 10球

[針] 棒針 10號、8號

[密度]

平面編：10cm平方為16.5針×23段、花樣編：
1組花樣56針為27cm・10cm為23段

織法重點

●衣身以別鎖起針，再由下擺連接處開始編織。袖襱、領口處減 2 針以時織套收針，1 針則是作邊端 1 立針減針。前領口中央 2 針休針，分成左右兩側編織。最終段進行減針，肩部休針。下擺處編織 1 針鬆緊針，收針段以 1 針鬆緊針收縫。

●肩部進行套收併縫。領子、袖襱進行挑針後，編織 1 針鬆緊針，前中央則一邊進行減針一邊編織。收針時以 1 針鬆緊針的收縫固定。挑針綴縫脇邊。

[完成尺寸]

	胸圍	背肩寬	長度
M	104cm	42cm	62cm
L	110cm	43cm	64.5cm
LL	114cm	45cm	67cm

※無標示尺寸區分時，表示各尺寸通用。

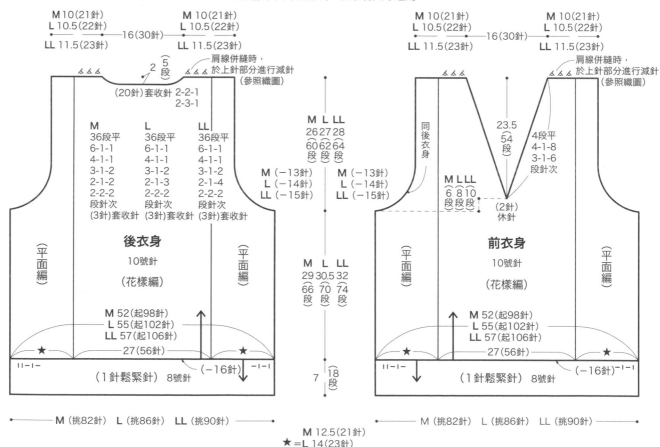

1針鬆緊針

□＝─ 上針

領口、袖襱 （1針鬆緊針） 8號針

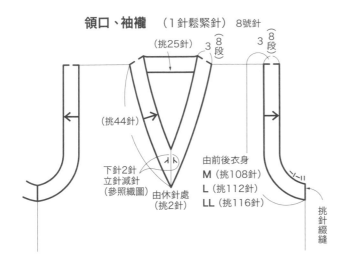

（挑25針）　3　(8段)
（挑44針）
下針2針
立針減針
（參照織圖）
由休針處
（挑2針）
由前後衣身
M（挑108針）
L（挑112針）
LL（挑116針）
（8段）　3
挑針綴縫

V領領尖的減針
（1針鬆緊針）

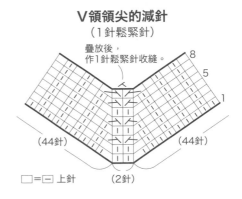

疊放後，
作1針鬆緊針收縫。

8
5
1
（44針）　（44針）
（2針）
□=□ 上針

花樣編

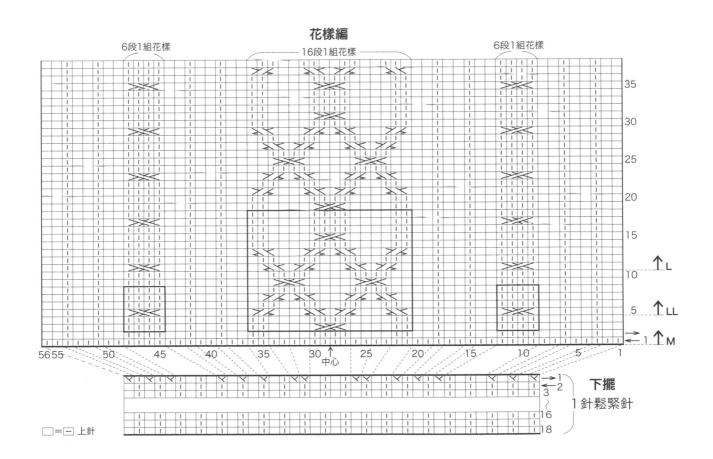

6段1組花樣　　　16段1組花樣　　　6段1組花樣

35
30
25
20
15
10
5
1

↑L
↑LL
↑M

56 55　50　45　40　35　30　25　20　15　10　5　1
中心

下擺
1針鬆緊針
1
2
3
16
18

□=□ 上針

M SIZE

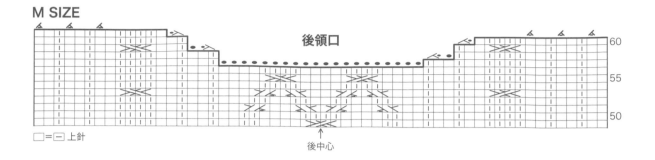

後領口

後中心

□=⊟ 上針

M SIZE

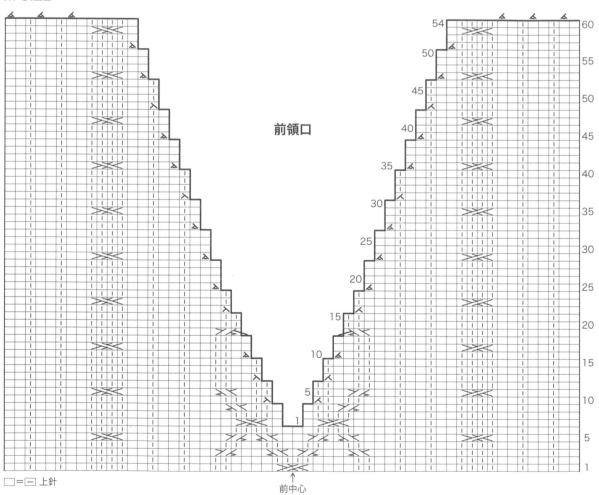

前領口

前中心

□=⊟ 上針

 =一邊進行2針・1針的交叉，一邊將2與4的針目編織右上2併針（1針減針）
4 3 2 1

=一邊進行2針・1針的交叉，一邊將1與3的針目編織左上2併針（1針減針）
4 3 2 1

NO. 7
拉克蘭袖
艾倫花樣毛衣
photo >> p.10

準備工具

[線材] Hamanaka Aran Tweed 灰色
（3）535 g＝14球（M SIZE）
L・LL尺寸用線標準…L SIZE 14
球；LL SIZE 16 球

[針] 棒針10號、7號

密度

10cm平方的桂花針15針、花樣編A6針為2.5
cm、B 15.5針，C 21針，段數皆為21段。

完成尺寸

	胸圍	衣長	連肩袖長
M	106cm	63.5cm	76.5cm
L	110cm	66.5cm	79cm
LL	114cm	69.5cm	81.5cm

織法重點

● 前後衣身・袖子皆以手指掛線起針，再由1針鬆緊針開始編織，接著編織花樣編。
● 2針以上的減針作套收針，拉克蘭線作邊端3立針減針，除此以外的1針減針則是作邊端1立針減針。袖下的加針則是於1針內側進行扭加針。
● 平針併縫側身針目，挑針綴縫拉克蘭線及脇邊、袖下。
● 由領口處挑針，編織1針鬆緊針。最後以1針鬆緊針收縫。

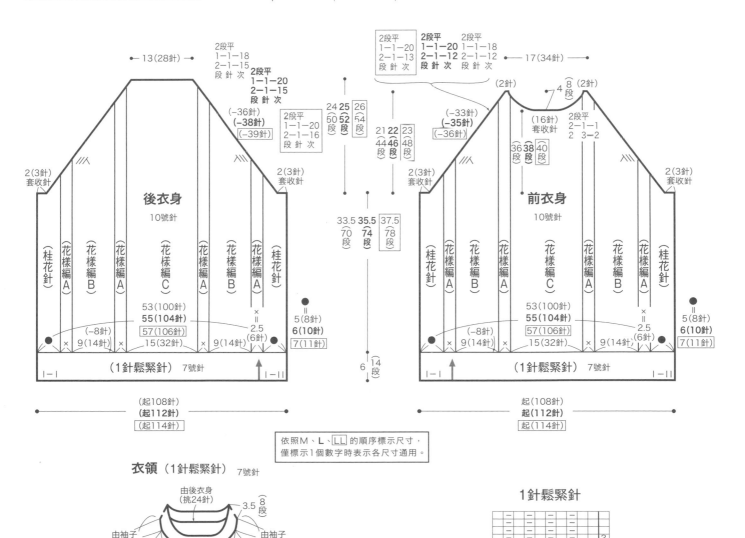

依照M、L、LL 的順序標示尺寸，
僅標示1個數字時表示各尺寸通用。

衣領 （1針鬆緊針） 7號針

1針鬆緊針

□＝□ 下針

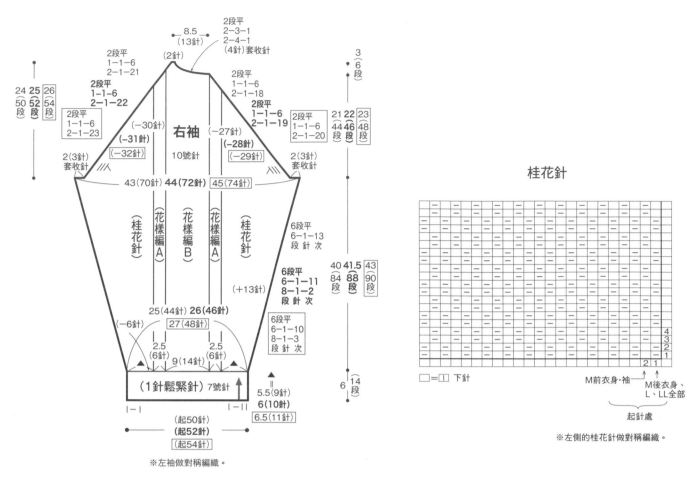

右袖

※左袖做對稱編織。

桂花針

□=□ 下針

M前衣身・袖

M後衣身、L、LL全部

起針處

※左側的桂花針做對稱編織。

花樣編

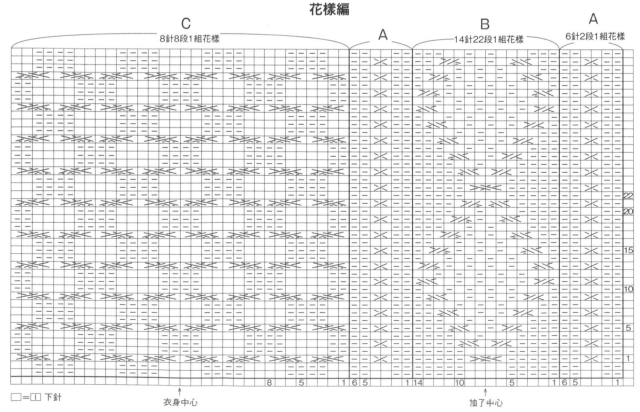

□=□ 下針

衣身中心

袖子中心

前領口、拉克蘭線的減針 (M SIZE)

套收針

→右袖拉克蘭線的減針接續於 P.60

前中心

□=□ 下針

NO. 8

V領毛衣

photo ≫ p.11

準備工具

[線材] Hamanaka Men's Club MASTER
藏青色（23）740g＝15球（M SIZE）
L・LL尺寸用線標準…L SIZE 16球；
LL SIZE 17球

[針] 棒針10號

密度

10 cm平方的花樣編A：16.5針×22段
10 cm平方的花樣編B：20.5針×22段

完成尺寸

	胸圍	背肩寬	衣長	袖長
M	108cm	44cm	64cm	59cm
L	110cm	45cm	66cm	61cm
LL	114cm	47cm	68cm	63cm

織法重點

● 前後衣身、袖子皆以手指掛線起針，再由1針鬆緊針開始編織，接著編織花樣編A、B。

● 袖襱、領口處減2針以上作套收針，減1針作邊端1立針減針。袖下的加針則是於1針內側進行扭加針。

● 肩部以套收併縫，挑針綴縫脇邊、袖下。

● 由領口處挑針，參照織圖，一邊進行V領領尖的減針，一邊編織1針鬆緊針，收針時作套收針。

● 袖子正面相對疊合後引拔綴縫。

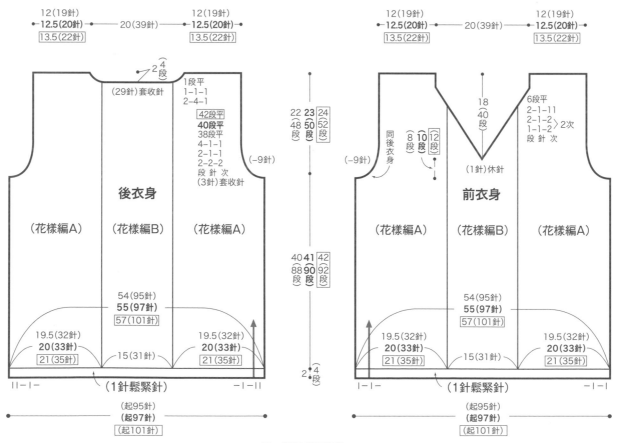

※ 一律以10號針編織。

依照 M、**L**、LL 的順序標示尺寸，
僅標示1個數字時表示各尺寸通用。

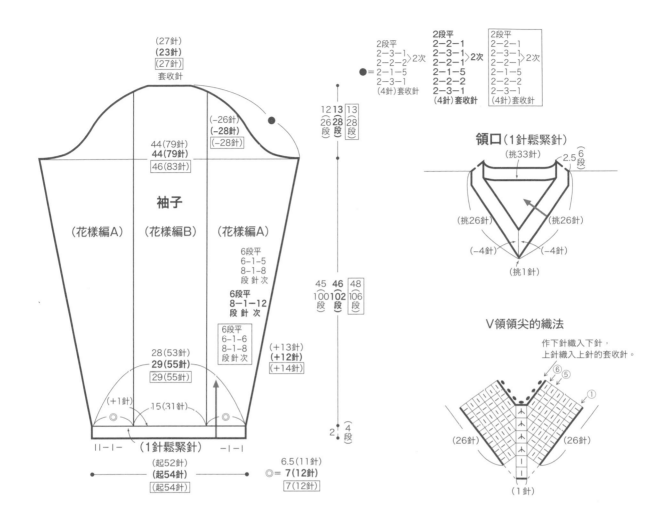

(27針)
(23針)
〔27針〕
套收針

(−26針)
(−28針)
〔−28針〕

44(79針)
44(79針)
〔46(83針)〕

袖子

(花樣編A)　(花樣編B)　(花樣編A)

6段平
6-1-5
8-1-8
段 針 次

6段平
8-1-12
段 針 次

〔6段平
6-1-6
8-1-8
段 針 次〕

(+13針)
(+12針)
〔+14針〕

28(53針)
29(55針)
〔29(55針)〕

(+1針)

15(31針)

|| −1 −　(1針鬆緊針)　− 1 − 1

(起52針)
(起54針)
〔起54針〕

6.5(11針)
◎＝ 7(12針)
〔7(12針)〕

2段平
2-3-1
2-2-2 ⎬2次
2-1-5
2-3-1
(4針)套收針

● ＝

2段平
2-2-1
2-3-1 ⎬2次
2-2-1
2-1-5
2-2-2
2-3-1
(4針)套收針

〔2段平
2-2-1
2-3-1 ⎬2次
2-2-1
2-1-5
2-2-2
2-3-1
(4針)套收針〕

12 **13** 〔13〕
26 **28** 〔28〕
段 段 段

45 **46** 〔48〕
100 **102** 〔106〕
段 段 段

2 〔4〕
段 段

領口(1針鬆緊針)

(挑33針)　2.5 (6段)

(挑26針)　(挑26針)

(−4針)　(−4針)

(挑1針)

V領領尖的織法

作下針織入下針，
上針織入上針的套收針。

⑥⑤
①

(26針)　(26針)

(1針)

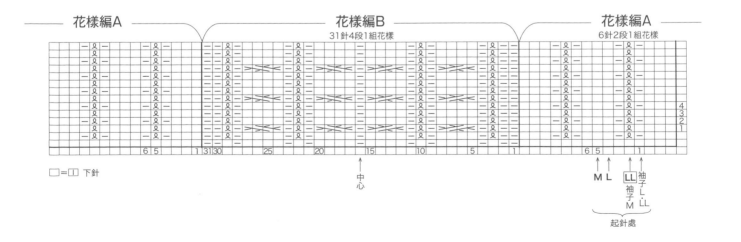

── 花樣編A ──　── 花樣編B ──　── 花樣編A ──
31針4段1組花樣　6針2段1組花樣

□＝□ 下針

6 5　1 31 30　25　20　15　10　5　1　6 5　1

4
3
2
1

中心

M L　LL 袖子
　　　L‧LL
袖子
M

起針處

→ NO.8 Ｖ領毛衣的接續

後領口

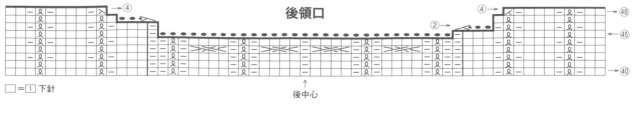

□＝□ 下針

後中心

前領口

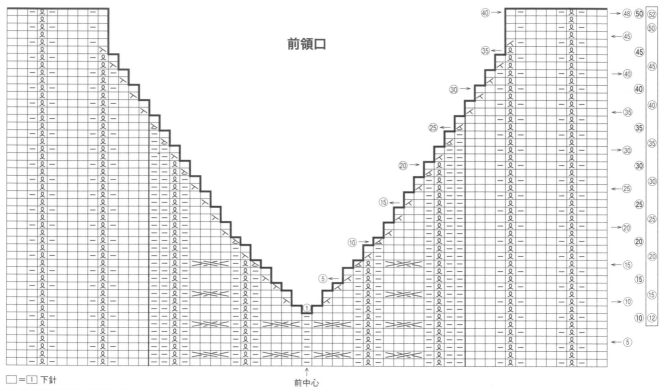

□＝□ 下針

前中心

→ NO.7 拉克蘭袖艾倫花樣毛衣的接續

右袖拉克蘭線的減針 （M SIZE）

後側　　　　　　　前側

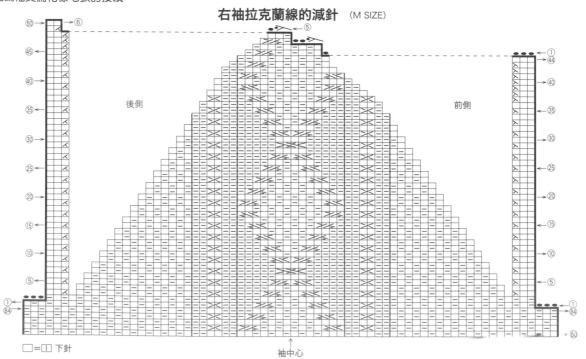

□＝□ 下針

袖中心

NO. **32**

羅紋針織圍巾

photo » p.33

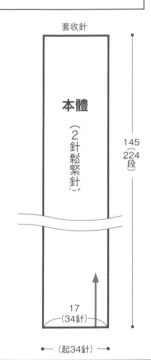

套收針

本體

（2針鬆緊針）

145
（224段）

17
（34針）

←（起34針）→

[準備工具]

[線材] Hamanaka Amerry L《極太》
炭灰色（111）200ｇ＝5球

[針] 棒針13號

[密度]

10cm平方的2針鬆緊針：20針×15.5段

[完成尺寸]

寬17cm、長145cm

[織法重點]

● 以手指掛線起針，再編織224段2針鬆緊針。

● 收針時，作下針織入下針，上針織入上針的套收針。

本體

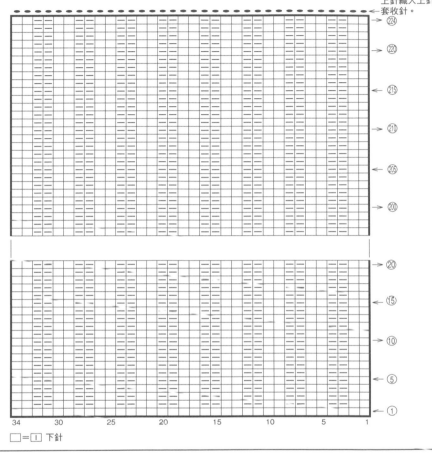

下針織入下針，
上針織入上針的
套收針。

224
220
⑮
210
⑩
200

20
⑮
⑩
5
①

34 30 25 20 15 10 5 1

□＝□ 下針

 **右上扭針1針交叉（下側為上針）**

1
織線置於內側，由右側針目的外側，依照箭頭指示將棒針穿入左側針目中。

2
將已於右側針目上的針目掛線拉出，編織上針。

3
直接依照箭頭指示將棒針穿入右側針目後，編織下針。

4
由左棒針上取下2針目後，完成。

 **左上扭針1針交叉（下側為上針）**

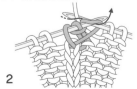

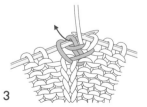

1
依照箭頭指示於左側針目中穿入棒針後，往右側拉出。

2
以下針編織此一針目。

3
將織線置於內側，直接以上針編織右側針目。

4
由左棒針上取下2針目後，完成。

61

NO. **10**

艾倫花樣針織
外套

photo >> p.13

準備工具

［線材］Hamanaka Aran Tweed 原色（1）
　　　 670 g ＝ 17 球（M SIZE）
　　　 L・LL 尺寸用線標準…L SIZE 19 球；
　　　 LL SIZE 20 球
［針］棒針 7 號、8 號號
［其他］直徑 2.5 cm（木製）鈕釦 7 顆

密度

10cm平方的平面編：17針×24段、
花樣編A・B：24針×24段

完成尺寸

	胸圍	衣長	連肩袖長
M	108cm	66cm	82cm
L	112cm	69cm	84cm
LL	118cm	72cm	87cm

織法重點

● 衣身以手指掛線起針，再由下擺處開始編織。拉克蘭線作邊端 2 立針的減針。前領口減 2 針以上作套收針，減 1 針則作邊端 1 立針減針。前衣身接續編織前襟。於左前襟上製作釦眼。

● 袖子起編方式同衣身。袖下於 1 針內側扭加針。

● 挑針綴縫脇邊、拉克蘭線，平針併縫袖襱處。領口則由衣身及袖子挑針後，編織 1 針鬆緊針，收針時由背面分別編織下針、上針後作套收針。於右前襟上接縫鈕釦。

※無標示尺寸區分時，表示各尺寸通用。

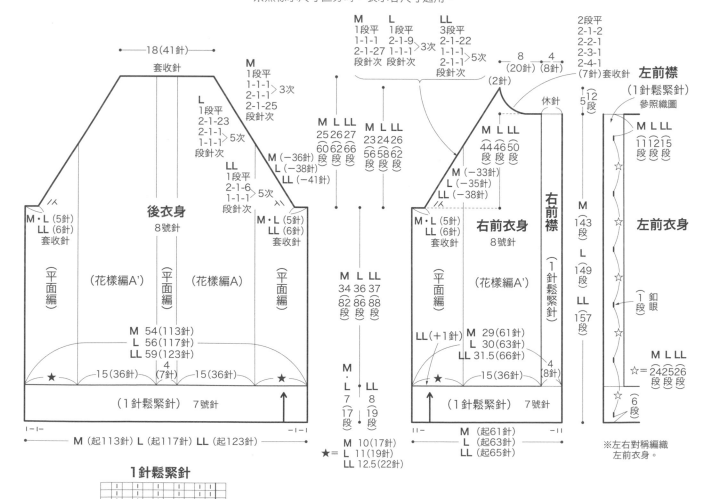

1針鬆緊針

□＝□（−）上針

後衣身↑　　衣領起針處
前衣身・袖子・衣領
起針處

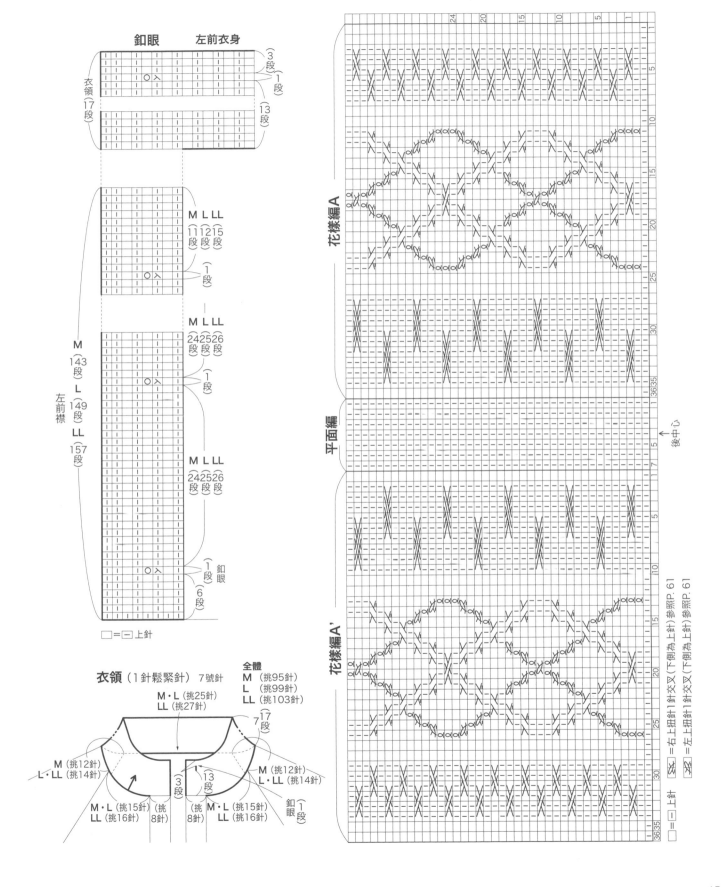

釦眼　　　左前衣身

衣領（17段）

（3）段
（1）段

（13）段

M L LL
111215
段段段

（1）段

M L LL
242526
段段段

（1）段

M
（143）段
L
（149）段
LL
（157）段

左前襟

M L LL
242526
段段段

（1）段　釦眼
（6）段

□＝□上針

衣領（1針鬆緊針）　7號針

全體
M（挑95針）
L（挑99針）
LL（挑103針）

M・L（挑25針）
LL（挑27針）

7（17）段

M（挑12針）
L・LL（挑14針）

（3）段

（13）段

M（挑12針）
L・LL（挑14針）

M・L（挑15針）
LL（挑16針）

（挑8針）

（挑8針）

M・L（挑15針）
LL（挑16針）

釦眼（1）段

花樣編A

平面編

後中心

花樣編A'

□＝□上針　⟨⟩＝右上扭針1針交叉（下側為上針）參照P.61
　　　　　⟨⟩＝左上扭針1針交叉（下側為上針）參照P.61

63

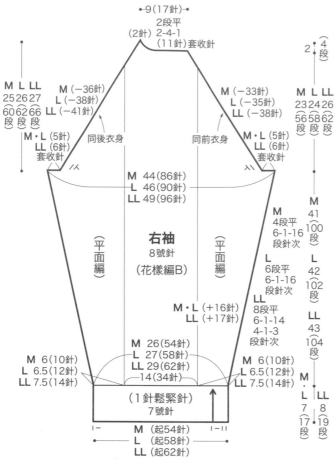

●9(17針)●
2段平
(2針) 2-4-1
(11針)套收針

2 ┃ (4
 ┃ 段

M L LL
25 26 27
60 62 66
段 段 段

M (−36針)
L (−38針)
LL (−41針)

M (−33針)
L (−35針)
LL (−38針)

M L LL
23 24 26
56 58 62
段 段 段

M・L (5針)
LL (6針)
套收針

同後衣身

同前衣身

M・L (5針)
LL (6針)
套收針

M 44(86針)
L 46(90針)
LL 49(96針)

右袖
8號針
(花樣編B)

(平面編)

(平面編)

M
41
(100
段)

M
4段平
6-1-16
段針次

L
42
(102
段)

L
6段平
6-1-16
段針次

LL
43
(104
段)

LL
8段平
6-1-14
4-1-3
段針次

M・L (+16針)
LL (+17針)

M 26(54針)
L 27(58針)
LL 29(62針)
−14(34針)

M・
L LL
7 8
17・19
段 段

M 6(10針)
L 6.5(12針)
LL 7.5(14針)

M 6(10針)
L 6.5(12針)
LL 7.5(14針)

(1針鬆緊針)
7號針

M (起54針)
L (起58針)
LL (起62針)

※左右對稱編織左袖。

花樣編B

□=□ =上針

SK =右上扭針1針交叉(下側為上針)

SK =左上扭針1針交叉(下側為上針)
　　參照P. 61

袖子中心

NO. 9

艾倫花樣圍巾

photo » p.12

準備工具

[線材] Hamanaka Aran Tweed 原色(1)
260 g = 7 球
[針] 棒針 8 號、6 號

密度

花樣編 A(1組花樣):10針約為5.5 cm・8
段為 3.5 cm、花樣編 B(1組花樣):22針約
為 8 cm・28 段為 12.5 cm

完成尺寸

寬 23 cm、長 179 cm

織法重點

● 以手指掛線起針後編織。不加減針編織桂花
針及 2 針鬆緊針、花樣編。收針時,分別編
織下針、上針之後,進行套收針。

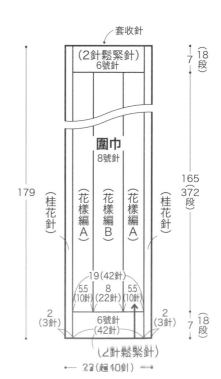

套收針

(2針鬆緊針)
6號針

7 ┃ (18
 ┃ 段

圍巾
8號針

179

165
372
段

(桂花針)

(花樣編A)

(花樣編B)

(花樣編A)

(桂花針)

19(42針)

5.5
(10針)
8
(22針)
5.5
(10針)

2
(3針)
2
(3針)

6號針
(42針)

7 ┃ (18
 ┃ 段

(2針鬆緊針)

← 23(起40針) →

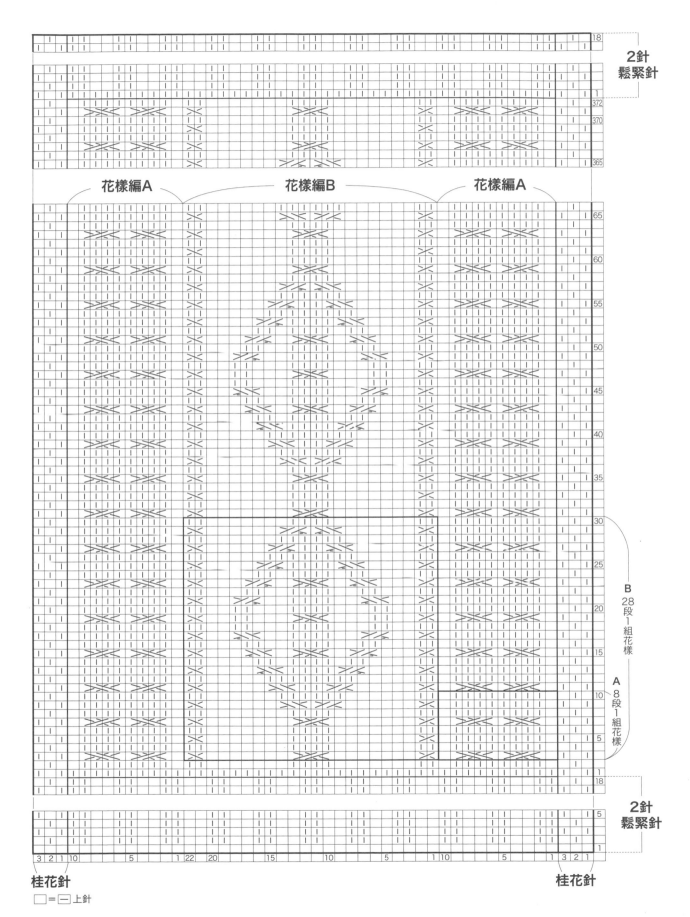

NO. **11**

根西花樣毛衣

photo » p.14

準備工具

[線 材] Hamanaka Men's Club MASTER 藍色（66）610 g ＝ 13 球（M SIZE）
L・LL 尺寸用線標準…L SIZE 14 球；
LL SIZE 15 球

[針] 棒針 12 號、11 號、10 號

密度

10cm平方的平面編：14針×21段、花樣編A：20針×21段、花樣編B・C：13針×21段

完成尺寸

	胸圍	背肩寬	衣長	袖長
M	108cm	44cm	65.5cm	57.5cm
L	114cm	46cm	69.5cm	60cm
LL	120cm	49cm	74.5cm	63cm

織法重點

● 衣身以手指掛線起針，再由 2 針鬆緊針開始編織。袖襱、領口處減 2 針以上作套收針，1 針則是作邊端 1 立針減針。

● 袖子起編方式同衣身。袖下於 1 針內側扭加針。

● 肩部套收併縫，挑針綴縫脇邊、袖下。領口以 2 針鬆緊針進行編織，收針時，作下針織入下針，上針織入上針的套收針。

※無標示尺寸區分時，表示各尺寸通用。

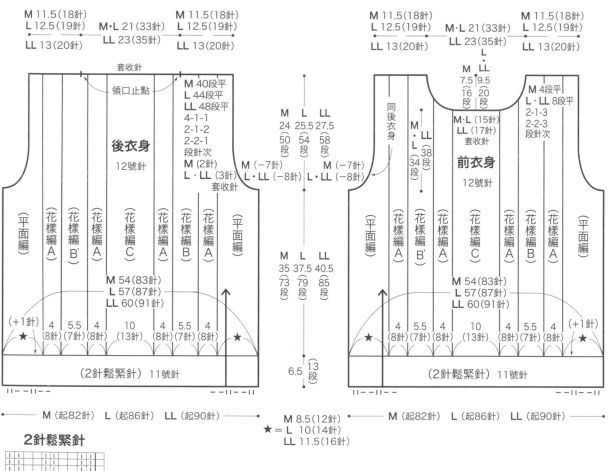

M 11.5(18針)
L 12.5(19針)　M・L 21(33針)　M 11.5(18針)
LL 13(20針)　LL 23(35針)　L 12.5(19針)
LL 13(20針)

套收針
領口止點　M 40段平
L 44段平
LL 48段平
4-1-1
2-1-2
2-2-1
段針次
M (2針)
L・LL (3針)
套收針

後衣身
12號針

(平面編)　(花樣編A)　(花樣編B')　(花樣編A)　(花樣編C)　(花樣編A)　(花樣編B)　(花樣編A)　(平面編)

M 54(83針)
L 57(87針)
LL 60(91針)

(+1針)　4　5.5　4　10　4　5.5　4
★　(8針)(7針)(8針)(13針)(8針)(7針)(8針)　★

(2針鬆緊針) 11號針

M (起82針)　L (起86針)　LL (起90針)

	M	L	LL
	24	25.5	27.5
	50段	54段	58段

M (−7針)　M (−7針)
L・LL (−8針)　L・LL (−8針)

	M	L	LL
	35	37.5	40.5
	73段	79段	85段

6.5 (13段)

M 8.5(12針)
★ = L 10(14針)
LL 11.5(16針)

同後衣身
M・L (34段)
M・L・LL (38段)

M LL
7.5 9.5
(16段)(20段)

M 4段平
L・LL 8段平
2-1-3
2-2-3
段針次

M (15針)
LL (17針)
套收針

前衣身
12號針

(平面編)　(花樣編A)　(花樣編B')　(花樣編A)　(花樣編C)　(花樣編A)　(花樣編B)　(花樣編A)　(平面編)

M 54(83針)
L 57(87針)
LL 60(91針)

(+1針)　4　5.5　4　10　4　5.5　4
★　(8針)(7針)(8針)(13針)(8針)(7針)(8針)　★

(2針鬆緊針) 11號針

M (起82針)　L (起86針)　LL (起90針)

2針鬆緊針

□＝□ 上針

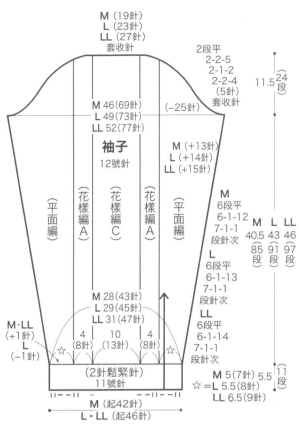

M（19針）
L（23針）
LL（27針）
套收針

2段平
2-2-5
2-1-2
2-2-4
（5針）
套收針

11.5 （24段）

M 46（69針）
L 49（73針）
LL 52（77針）
（−25針）

袖子
12號針

M（+13針）
L（+14針）
LL（+15針）

（平面編）
（花樣編A）
（花樣編C）
（花樣編A）
（平面編）

M
6段平
6-1-12
7-1-1
段針次

L
6段平
6-1-13
7-1-1
段針次

LL
6段平
6-1-14
7-1-1
段針次

M 40.5（85段）
L 43（91段）
LL 46（97段）

M 28（43針）
L 29（45針）
LL 31（47針）

M·LL（+1針）
L（−1針）

4（8針）
10（13針）
4（8針）

☆

（2針鬆緊針）
11號針

M 5（7針）5.5
☆=L 5.5（8針）
LL 6.5（9針）

11段

M（起42針）
L·LL（起46針）

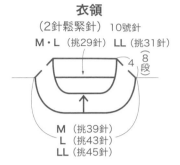

衣領
（2針鬆緊針）10號針
M·L（挑29針）　LL（挑31針）

4（8段）

M（挑39針）
L（挑43針）
LL（挑45針）

花樣編

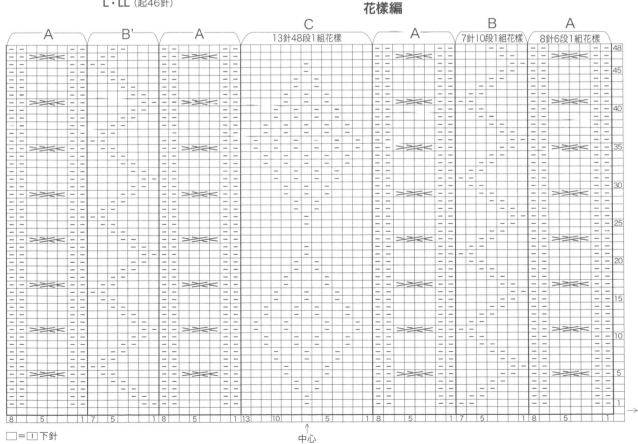

A　　B'　　A　　C 13針48段1組花樣　　A　　B 7針10段1組花樣　　A 8針6段1組花樣

中心

□=｜下針

NO. 12

麻花外套

photo » p.15

準備工具

［線材］ Hamanaka Aran Tweed 炭灰色
（9）655g＝17球（M SIZE）
L・LL 尺寸用線標準…L SIZE 18
球；LL SIZE 19球

［針］ 棒針7號、10號

［其他］ 直徑18㎜ 黑色鈕釦 10顆

密度

10cm平方的平面編：15針×23段、花樣編A・
B・C：19針×25段

完成尺寸

	胸圍	衣長	連肩袖長
M	106.5cm	65cm	78cm
L	110.5cm	67cm	80.5cm
LL	114.5cm	68.5cm	82.5cm

織法重點

● 衣身・袖子以別鎖起針後開始編織。拉克蘭線作邊端3立針減針。事先於前衣身的口袋口織入別線。領口減2針以上作套收針，減1針則作邊端1立針減針。袖下於2針內側進行扭加針。解開別線後挑針編織口袋內裡及口袋口。下擺、袖口處解開起針的鎖針後挑針，編織1針鬆緊針。收針時以1針鬆緊針收縫。前襟以手指掛線起針，再編織1針鬆緊針。

● 挑針綴縫拉克蘭線、脇邊、前襟、袖下。引拔併縫側身。衣領由前襟、領口、袖子處挑針後，編織1針鬆緊針，再往背面側反摺重疊後捲針縫。於前襟接縫鈕釦。

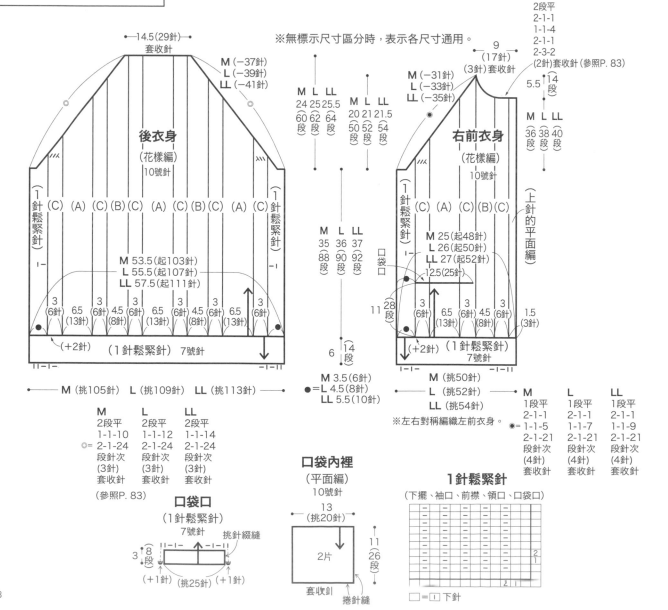

※無標示尺寸區分時，表示各尺寸通用。

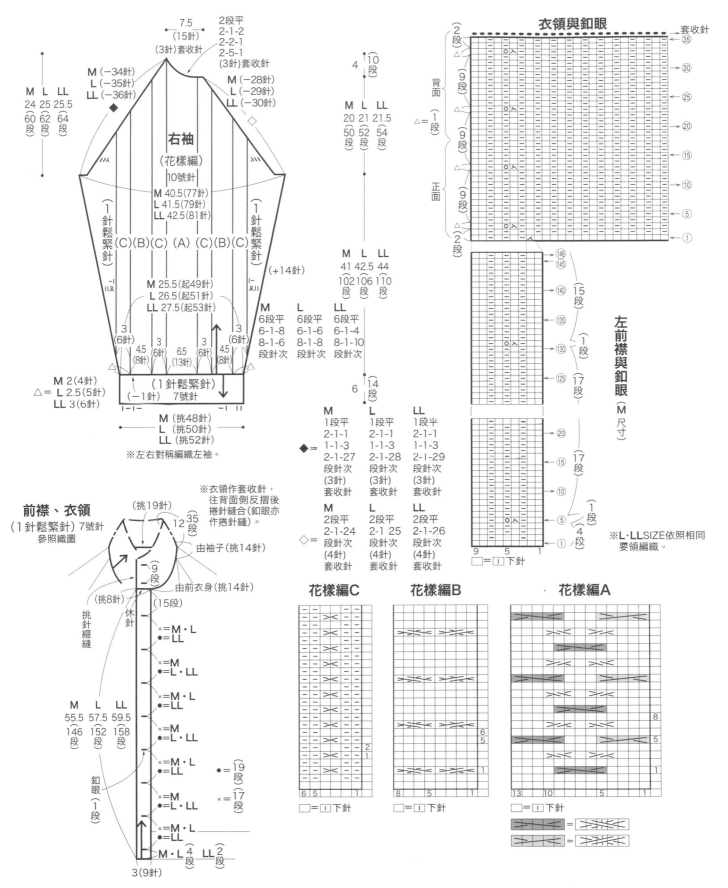

衣領與釦眼

右袖
（花樣編）
10號針

左前襟與釦眼（M尺寸）

前襟、衣領
（1針鬆緊針）7號針
參照織圖

花樣編C

花樣編B

花樣編A

※左右對稱編織左袖。

※衣領作套收針，
往背面側反摺後
捲針縫合（釦眼亦
作捲針縫）。

※L·LLSIZE依照相同
要領編織。

□＝⊡下針

右袖 (M SIZE)
※L·LL SIZE依照相同要領編織。

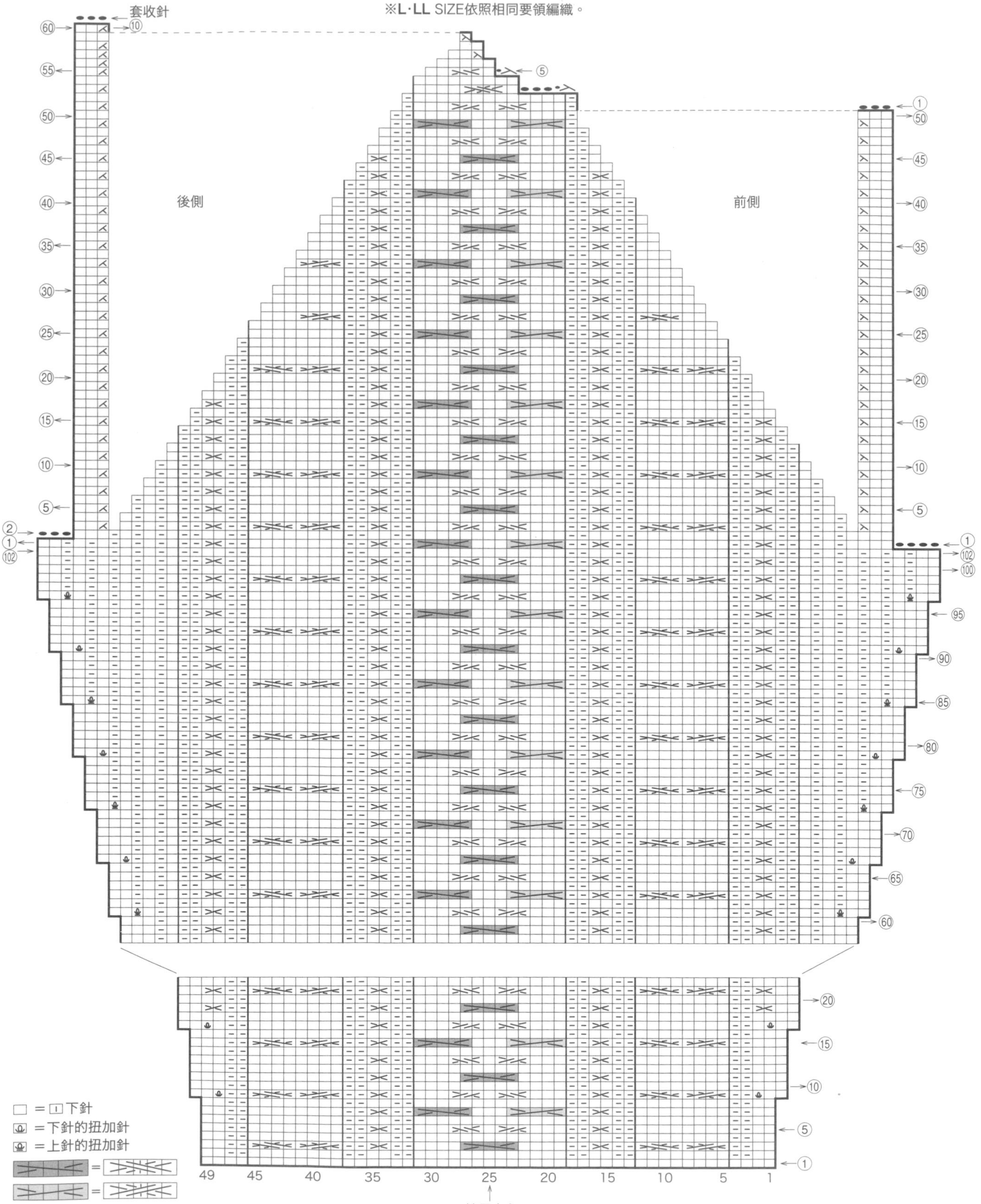

套收針
⑩

後側

前側

右袖

□ = ① 下針
⚇ = 下針的扭加針
⚇ = 上針的扭加針

49　45　40　35　30　25　20　15　10　5　1

袖子中心

→接續於 P. 83

70

NO. **16**

羅紋針織帽

photo ≫ p.19

準備工具

[線 材] Hamanaka Men's Club MASTER
藍色（69）70 g ＝ 2 球
[針] 棒針 10 號

密度

10㎝平方的變化鬆緊針：16針×22.5段

完成尺寸

頭圍 44 cm、帽深 29 cm

織法重點

● 別線（鎖針）起針，編織成圈。無加減針編
織 18 段 2 針鬆緊針、34 段變化鬆緊針。

● 一邊進行分散減針，一邊編織16段變化鬆
緊針。於最終段的針目中，每間隔1針穿
線 2 圈後，縮口束緊。

● 解開起針的鎖針後，挑針，寬鬆地作下針
織入下針，上針織入上針的套收針。

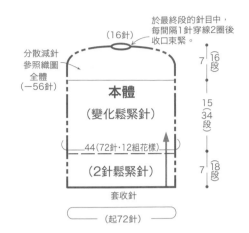

本體

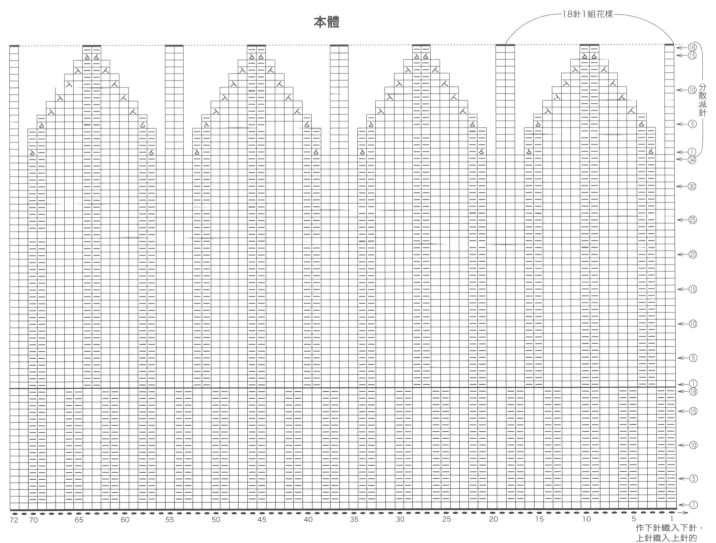

□＝☐ 下針

作下針織入下針，
上針織入上針的
套收針。

NO.**13**

格紋 艾倫花樣毛衣

photo » p.16

準備工具

準備工具

[線材] Hamanaka Men's Club MASTER
藍色（66）M／670 g = 14 球；
L／淺駝色（18）690 g = 14 球；
LL／苔蘚綠（75）750 g = 15 球
[針] 棒針 10 號、8 號

密度

10㎝平方的平面編：15針×21段
花樣編：A・B皆為20針×21段

完成尺寸

	胸圍	背肩寬	衣長	袖長
M	110cm	45cm	67.5cm	58cm
L	116cm	47cm	70.5cm	59cm
LL	122cm	47cm	71.5cm	60cm

織法重點

● 前後衣身、袖子以別鎖起針，再依織圖配置編織平面編、花樣編 A、B。
● 2 針以上的減針作套收針，減 1 針作邊端 1 立針減針。
● 前領口的中心休針18 針。
● 袖下於 1 針內側進行扭加針。
● 下擺、袖口處一邊解開別線鎖針，一邊進行挑針，並於第 1 段一邊減針一邊編織 1 針鬆緊針。收針時以 1 針鬆緊針收縫。
● 肩部進行套收針併縫，脅邊、袖下分別挑針綴縫。
● 領口依指定針數挑針編織 1 針鬆緊針。收針時與下擺作法相同。
● 袖子與衣身正面相對疊合後引拔綴縫。

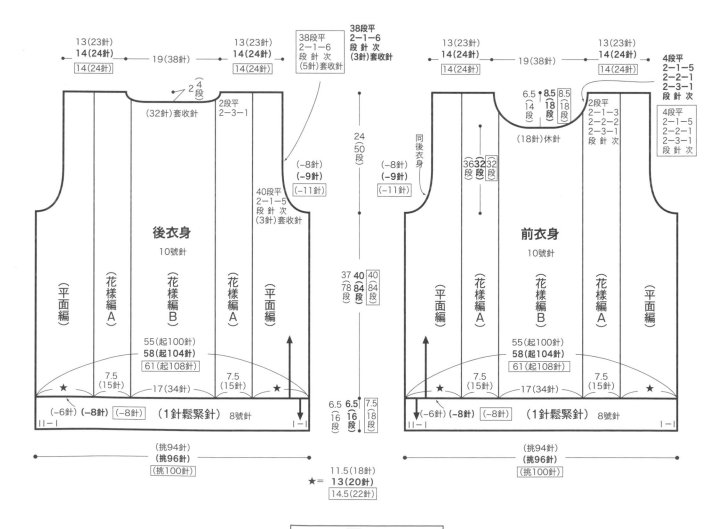

依照M、L、LL的順序標示尺寸，
僅標示1個數字時表示各尺寸通用。

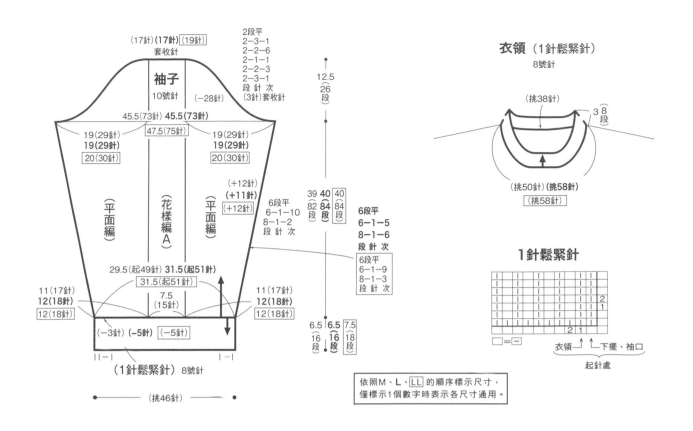

花樣編

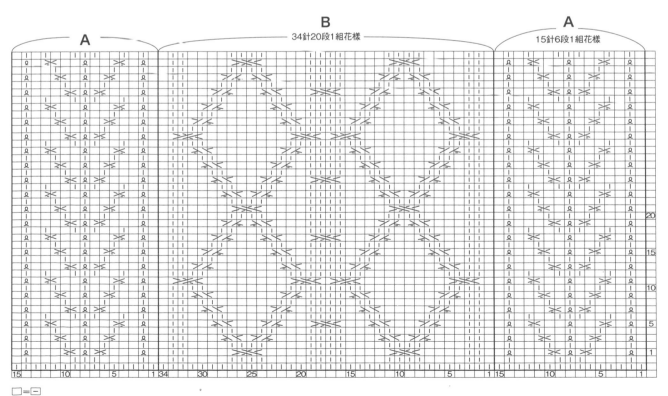

NO. **14**

拉克蘭袖毛衣

photo » p.17

準備工具

[線 材] Hamanaka Men's Club MASTER
駝色（74）655 g ＝ 14 球（M SIZE）
L・LL 尺寸用線標準…L SIZE 14 球；
LL SIZE 16 球

[針] 棒針 10 號、8 號

密度

10cm平方的花樣編：17.5針×24段

完成尺寸

	胸圍	衣長	連肩袖長
M	106cm	63cm	80.5cm
L	110cm	64.5cm	84cm
LL	116cm	66cm	87cm

織法重點

● 前後衣身、袖子以手指掛線起針，再編織 1 針鬆緊針。接續編織花樣編。

● 拉克蘭線的減針作邊端 4 立針的減針，2 針以上的減針則作上針的套收針，領口處 1 針的減針作邊端 1 立針減針。

● 袖下加針於 1 針內側扭加針。

● 挑針綴縫拉克蘭線、脇邊、袖下。平針併縫側身針目。

● 衣領於領口處挑針，編織 1 針鬆緊針。收針時作 1 針鬆緊針收縫。

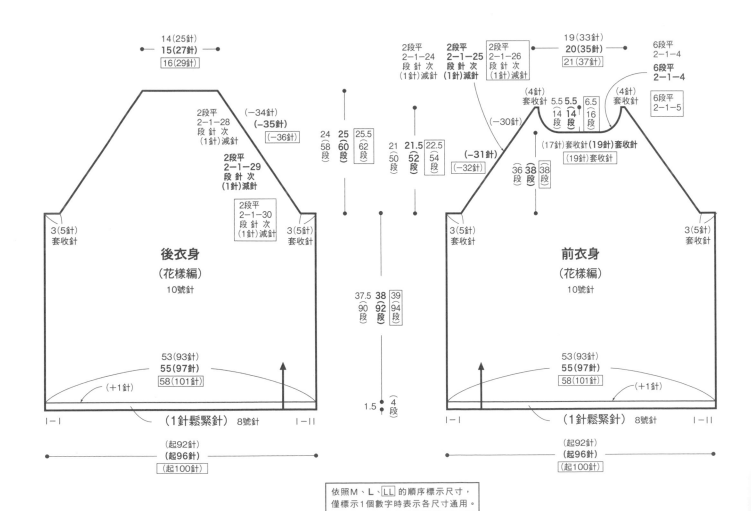

依照 M、L、LL 的順序標示尺寸，
僅標示1個數字時表示各尺寸通用。

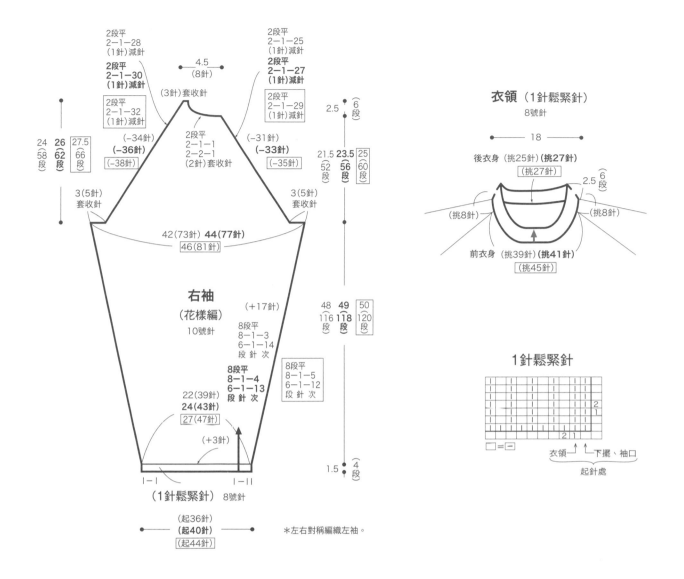

衣領（1針鬆緊針）
8號針

← 18 →

後衣身（挑25針）（挑27針）
（挑27針）

（挑8針） ← → （挑8針）

2.5 ⟨6段⟩

前衣身（挑39針）（挑41針）
（挑45針）

2段平
2－1－28
（1針）減針
2段平
2－1－30
（1針）減針
2段平
2－1－32
（1針）減針

2段平
2－1－25
（1針）減針
2段平
2－1－27
（1針）減針
2段平
2－1－29
（1針）減針

4.5
（8針）

（3針）套收針

2段平
2－1－1
2－2－1
（2針）套收針

2.5 ⟨6段⟩

24 26 27.5
58 62 66
段 段 段

（－34針）
（－36針）
（－38針）

（－31針）
（－33針）
（－35針）

21.5 23.5 25
52 56 60
段 段 段

3（5針）
套收針

3（5針）
套收針

42（73針）**44（77針）**
（46（81針）

右袖
（花樣編）
10號針

（＋17針）

8段平
8－1－3
6－1－14
段 針 次

8段平
8－1－4
6－1－13
段 針 次

8段平
8－1－5
6－1－12
段 針 次

48 49 50
116 118 120
段 段 段

22（39針）
24（43針）
（27（47針）

（＋3針）

1針鬆緊針

										2
										1
									2	

□＝一

衣領 ↑ ↑ 下襬、袖口
起針處

1.5 ⟨4段⟩

|－| |－||

（1針鬆緊針）8號針

（起36針）
（起40針）
（起44針）

＊左右對稱編織左袖。

花樣編

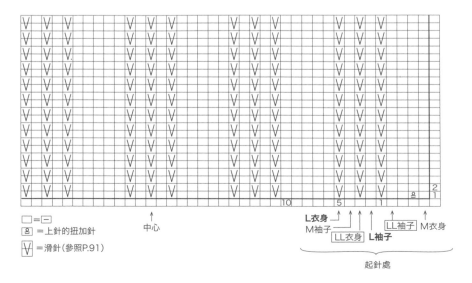

□＝一
図＝上針的扭加針
Ｖ＝滑針（參照P.91）

↑
中心

10　5　1

L衣身 ↑ ↑ ↑ ↑ **M衣身**
M袖子 **LL袖子 L袖子**
LL衣身

起針處

75

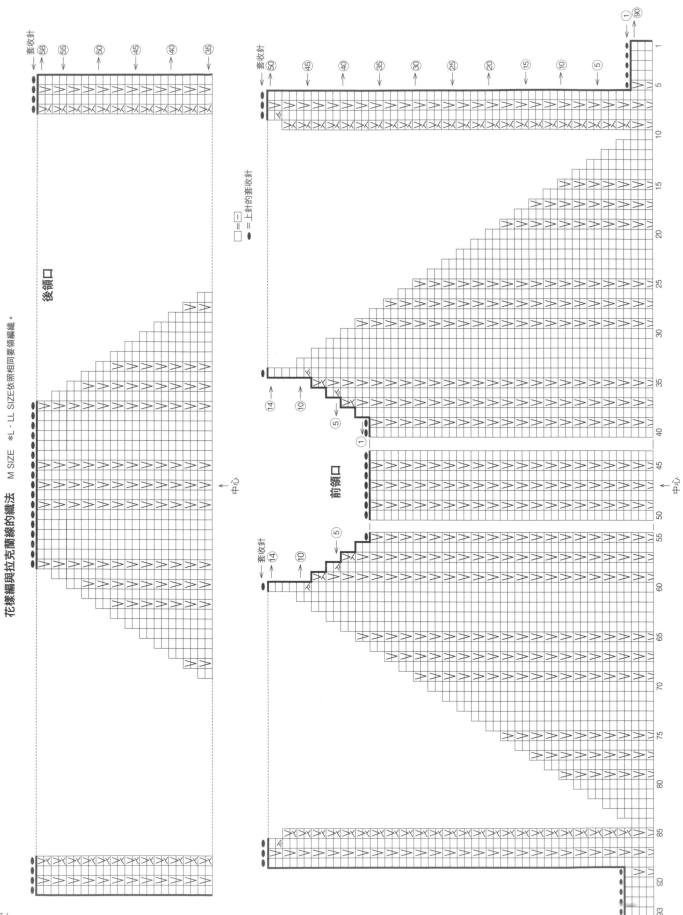

花樣編與拉克蘭線的織法 M SIZE *L・LL SIZE依照相同要領編織。

右袖拉克蘭線的減針

M SIZE ＊L、LL SIZE依照相同要領編織。

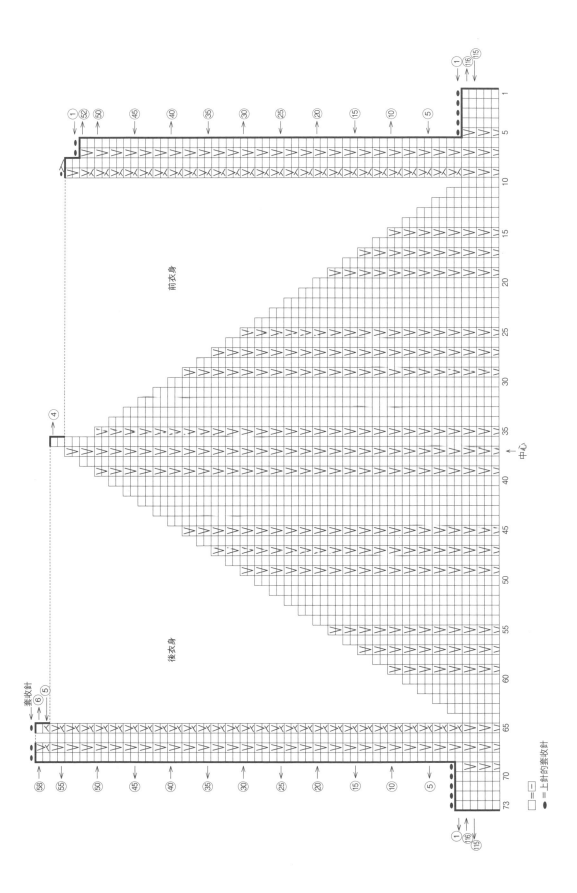

□＝□

●＝上針的套收針

NO. 15

口袋開襟
羊毛衫

photo » p.18

準備工具

〔線材〕 Hamanaka Amerry L《極太》
炭灰色（111）740 g＝19 球（M SIZE）
L‧LL 尺寸用線標準…L SIZE 20 球；LL SIZE 21 球

〔針〕 棒針 13 號、12 號

〔其他〕 M‧L‧LL 通用／直徑 2.5 cm鈕釦 6 顆

密度

10cm平方的花樣編：13針×18段

完成尺寸

	胸圍	背肩寬	衣長	袖長
M	110.5cm	42cm	67cm	60cm
L	114.5cm	44cm	69cm	61cm
LL	118.5cm	46cm	71cm	63cm

織法重點

● 前後衣身以手指掛線起針，再由1針鬆緊針開始編織，接著編織花樣編。前衣身的口袋口針目作休針，並由事先製作好的口袋內裡挑針，繼續編織。

● 袖襱、領口處減2針以上作套收針，減1針是作邊端1立針減針。袖下的加針於1針內側進行扭加針。

● 口袋口挑針編織1針鬆緊針，收針時，作下針織入下針，上針織入上針的套收針。挑針綴縫口袋口脇邊，口袋內裡的脇邊、底部則以捲針縫縫合。

● 肩部進行套收針併縫，脇邊、袖下分別挑針綴縫。

● 衣領由前後衣身挑針編織1針鬆緊針，收針時作下針織入下針，上針織入上針的套收針。前襟則由前衣身、衣領處挑針編織1針鬆緊針，並於右前襟上接縫鈕釦。收針時，與衣領相同作法套收針。

● 袖子正面相對疊合後，以引拔收縫接合袖子與身片即完成。

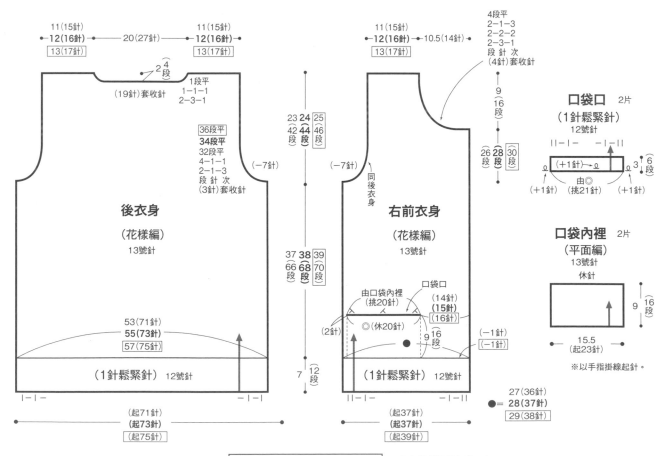

依照M、L、LL 的順序標示尺寸，
僅標示1個數字時表示各尺寸通用。

※左右對稱編織左前衣身。

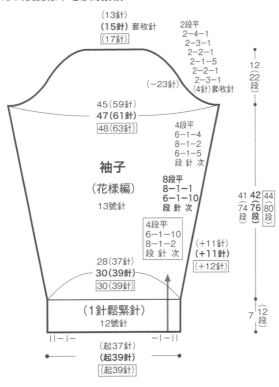

（13針）
（15針） 套收針
☐17針☐

45（59針）
47（61針）
☐48（63針）☐

袖子
（花樣編）
13號針

28（37針）
30（39針）
☐30（39針）☐

（1針鬆緊針）
12號針

‖ー‖ー‖   ーーー‖
（起37針）
（起39針）
☐起39針☐

2段平
2-4-1
2-3-1
2-2-1
2-1-5
2-2-1
2-3-1
（4針）套收針

（-23針）

4段平
6-1-4
8-1-2
6-1-5
段 針 次

8段平
8-1-1
6-1-10
段 針 次

4段平
6-1-10
8-1-2
段 針 次
（+11針）
（+11針）
☐（+12針）☐

12
（22
段

41（42）44
74（76）80
段（段）段

7（12
段

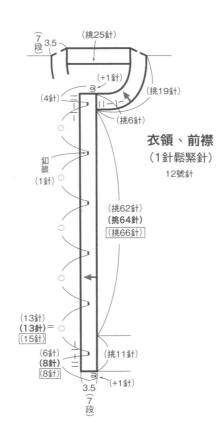

（挑25針）
7
3.5（段

（+1針）
（4針）
（挑6針）
（挑19針）

衣領、前襟
（1針鬆緊針）
12號針

釦眼
（1針）

（挑62針）
（挑64針）
☐（挑66針）☐

（13針）
（13針）
☐（15針）☐

（6針）
（8針）
☐（8針）☐

（挑11針）

3.5（7
段

（+1針）

花樣編

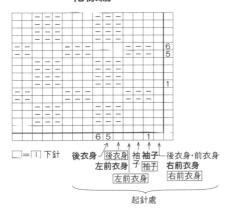

6
5

1

6 5   1

☐=☐下針

後衣身   後衣身 袖 袖子 後衣身·前衣身
左前衣身   子 袖子 右前衣身
☐左前衣身☐   ☐右前衣身☐

起針處

釦眼（左前襟）

作下針織入下針，
上針織入上針的
套收針。

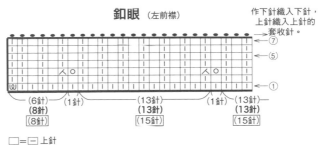

⑦
⑤
①

（6針）（1針）   （13針） （1針）（13針）
（8針）   **（13針）**   **（13針）**
☐（8針）☐   ☐（15針）☐   ☐（15針）☐

☐=☐上針

橫向渡線織入花樣的織法

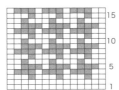

15
10
5
1

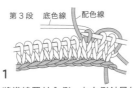

第3段 底色線 配色線

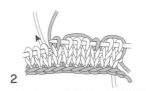

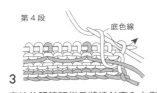

第4段 底色線

1
將織線置於內側，由右側針目的外
側，依照箭頭指示將棒針穿入左側
針目中。

2
將於右側針目右側入針的針目引
出，編織下針。

3
直接依照箭頭指示將棒針穿入右側
針目後，編織上針。

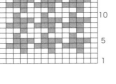

底色線

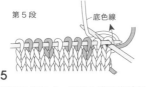

第5段 底色線

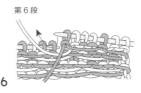

第6段

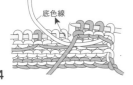

第11段的起針處

4
編織上針側時，也是配色線在上，
底色線在下，進行渡線編織。

5
織段的起針處，是將休織的織線包
夾於編織的織線中編織。

6
依照記號圖所示重複，於此一段中
編織1組花樣。

7
接著繼續編織4段，完成2組千鳥
格花樣編。

NO. 18

蒂爾登毛衣

photo » p.20

準備工具

[線材] Hamanaka Amerry 海軍藍（17）450 g ＝ 12 球、灰色（22）30 g・冰河藍（10）15 g ＝各 1 球（L SIZE）

M・LL 尺寸用線標準…M SIZE 海軍藍 12 球、灰色・冰河藍各 1 球；LL SIZE 海軍藍 13 球、灰色・冰河藍各 1 球

[針] 棒針 6 號、4 號

完成尺寸

	胸圍	背肩寬	衣長	袖長
M	102cm	42cm	57cm	60cm
L	108cm	43cm	69cm	61.5cm
LL	114cm	46cm	70cm	63cm

密度

10 cm平方的平面編：27 針 ×28 段、花樣編：24.5 針 ×28 段

織法重點

● 衣身以手指掛線起針，再由下擺處開始編織，並於花樣編第 2 段的指定位置加針。袖襱、領口處減 2 針以上作套收針，減 1 針則作邊端 1 立針減針。前領口分成左右兩側編織。肩部休針。

● 袖子起編方式同衣身，袖下於 1 針內側扭加針。收針時作套收針。

● 肩部進行套收針併縫，脇邊、袖下分別挑針綴縫。衣領則挑針後，前中央 1 立針減針，後衣身分散減針。以引拔收縫接合袖子與身片即完成。

※無標示尺寸區分時，表示各尺寸通用。

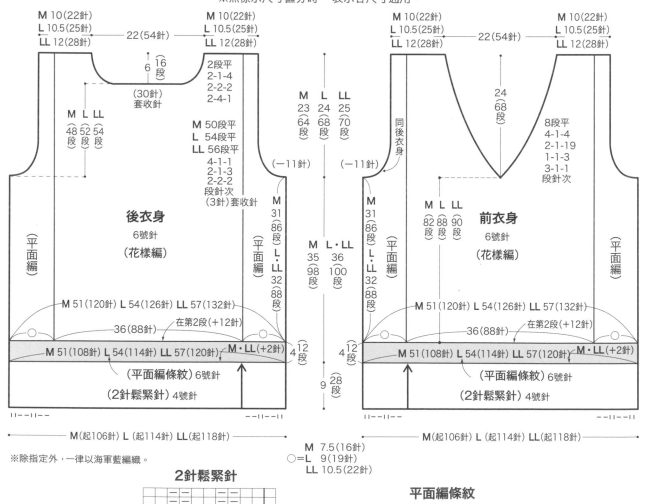

※除指定外，一律以海軍藍編織。

2針鬆緊針

□=Ⅰ 下針

平面編條紋

灰色	＼ 4 段
冰河藍	＼ 4 段
灰色	＼ 4 段

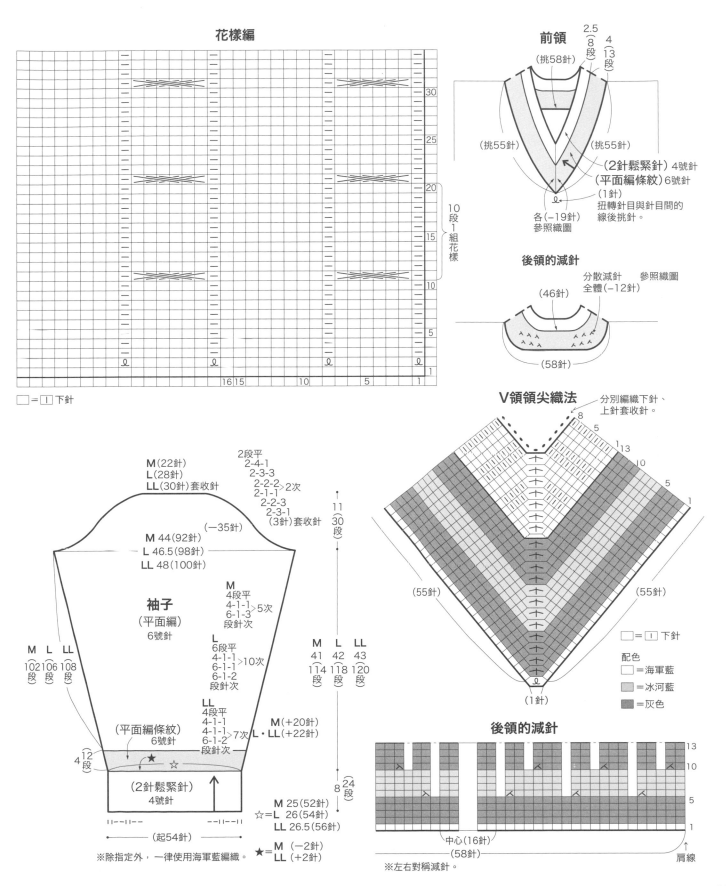

花樣編

30
25
20 ⎤
     ⎥ 10段1組花樣
15 ⎥
10 ⎦
5
1

16 15 10 5 1

□=|⊤ 下針

前領

2.5(8段)
4(13段)
(挑58針)
(挑55針) (挑55針)
(2針鬆緊針)4號針
(平面編條紋)6號針
(1針)
扭轉針目與針目間的線後挑針。
各(−19針)
參照織圖

後領的減針

分散減針 參照織圖
全體(−12針)
(46針)
(58針)

袖子

2段平
2-4-1
2-3-3
2-2-2 ⟩2次
2-1-1
2-2-3
2-3-1
(3針)套收針

M(22針)
L(28針)
LL(30針)套收針

(−35針)

M 44(92針)
L 46.5(98針)
LL 48(100針)

M
4段平
4-1-1 ⟩5次
6-1-3
段針次

11(30段)

M L LL
41 42 43
(114)(118)(120)
段 段 段

袖子
(平面編)
6號針

L
6段平
4-1-1 ⟩10次
6-1-1
6-1-2
段針次

M L LL
102 106 108
段 段 段

LL
4段平
4-1-1
4-1-1 ⟩7次
6-1-2
段針次

M(+20針)
L・LL(+22針)

(平面編條紋)
6號針

4(12段)

★ ☆

(2針鬆緊針)
4號針

8(24段)

M 25(52針)
☆=L 26(54針)
LL 26.5(56針)

||--||--   --||--||--

(起54針)

※除指定外，一律使用海軍藍編織。

★=M (−2針)
    LL(+2針)

V領領尖織法

分別編織下針、上針套收針。

8
5
13
10
5
1

(55針) (55針)

□=|⊤ 下針

配色
□=海軍藍
▨=冰河藍
▦=灰色

(1針)

後領的減針

13
10
5
1

中心(16針)
(58針)
肩線

※左右對稱減針。

NO. 19

引上編
花樣毛衣

photo » p.21

準備工具

［線材］Hamanaka Sonomono Alpaca
LILY 淺駝色（112）430 g ＝ 11
球（M SIZE）
L・LL 尺寸用線標準…L SIZE
12 球；LL SIZE 13 球

［針］棒針 10 號、8 號

密度

10cm平方的花樣編：19針×31段

完成尺寸

	胸圍	背肩寬	衣長	袖長
M	108cm	46cm	65cm	55cm
L	112cm	47.5cm	68cm	57cm
LL	116cm	49cm	71cm	59cm

織法重點

● 衣身以手指掛線起針，再由下擺處開始編織。於花樣編的第1段進行加針。袖襱、領口處減2針以上作套收針，減1針作邊端1立針減針。肩部休針。

● 袖子起編方式同衣身，袖下於1針內側進行扭加針。收針時作套收針。

● 肩部進行套收針併縫，脇邊、袖下分別挑針綴縫。領口挑針編織1針鬆緊針，收針時以1針鬆緊針收縫。以引拔收縫接合袖子與身片即完成。

※無標示尺寸區分時，表示各尺寸通用。

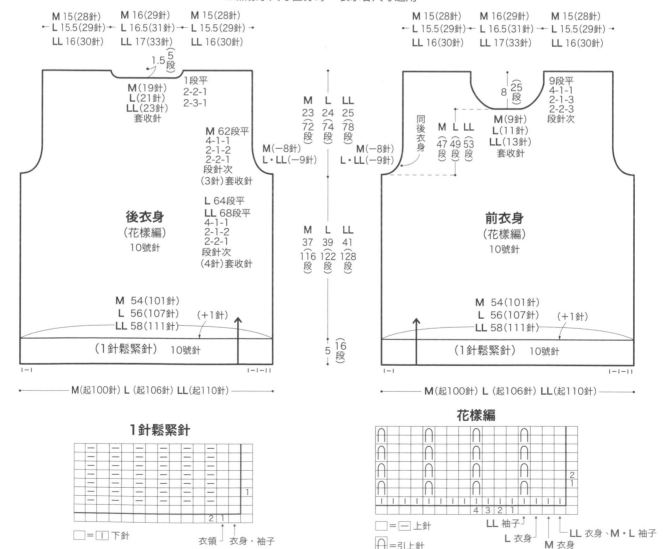

1針鬆緊針

□＝| 下針

衣領 ⌐ 衣身・袖子
   起針處

花樣編

□＝— 上針

∩＝引上針
（參照P. 83英式鬆緊針
（下針引上針））

LL 袖子
L 衣身
M 衣身
LL 衣身・M・L 袖子
起針處

→ NO.19 引上編花樣毛衣的接續

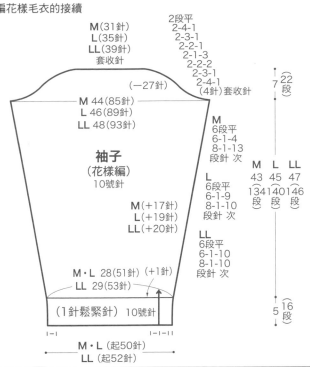

M(31針)
L(35針)
LL(39針)
套收針

2段平
2-4-1
2-3-1
2-2-1
2-1-3
2-2-2
2-3-1
2-4-1 套收針
(4針)

M 44(85針)
L 46(89針)
LL 48(93針)

(−27針)

袖子
（花樣編）
10號針

M(+17針)
L(+19針)
LL(+20針)

M
6段平
6-1-4
8-1-13
段針 次

L
6段平
6-1-9
8-1-10
段針 次

LL
6段平
6-1-10
8-1-10
段針 次

M・L 28(51針)(+1針)
LL 29(53針)

（1針鬆緊針）10號針

M・L（起50針）
LL（起52針）

7 22
段

M L LL
43 45 47
134140146
段 段 段

5 16
段

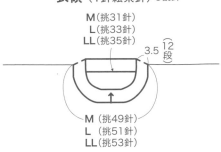

衣領（1針鬆緊針）8號針

M(挑31針)
L(挑33針)
LL(挑35針)

3.5 12
段

M(挑49針)
L(挑51針)
LL(挑53針)

英式鬆緊針（下針引上針）

1 由●1的織段開始。編織邊端上針，並將織線置於內側後，不編織下針直接移至右棒針上（不改變針目的方向）。

2 於已移轉的針目上掛線，下一針編織上針。

3 重複「不編織下針直接移至右棒針上、掛線、編織上針」。

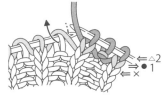

4 看著△2背面的織段。下針處編織下針，下一針則將前段掛線的織線一併編織上針。

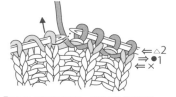

5 重複「編織下針，將前段掛線的織線一併編織上針」。

→ NO.12 麻花外套的接續

拉克蘭線的減針（M SIZE）
※L・LL SIZE 依照相同要領編織。

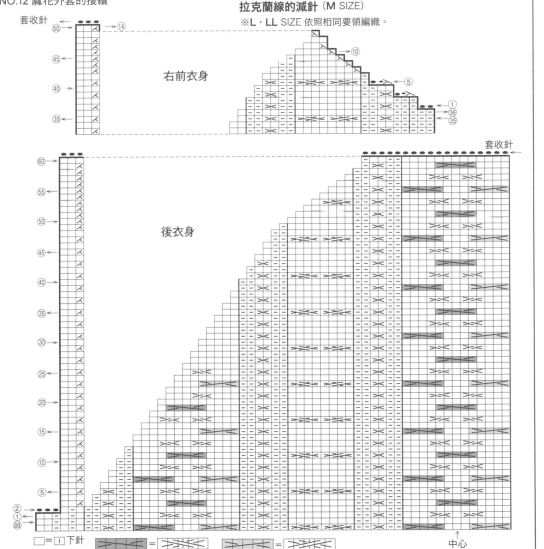

套收針

右前衣身

後衣身

套收針

□=⫿ 下針

中心

NO. 20

麻花
開襟羊毛衫

photo » p.22

準備工具

[線材] Hamanaka Sonomono Alpaca Wool
炭灰色（45）540 g ＝ 14 球、灰色
（44）70 g ＝ 2 球（M SIZE）
L・LL 尺寸用線標準…L SIZE 炭灰色
15 球、灰色 2 球；LL SIZE 炭灰色 16
球、灰色 2 球
[針] 棒針 9 號、8 號、7 號
[其他] 直徑 2.3 ㎝炭灰色鈕釦 5 顆

密度

10㎝平方的平面編：16針×21.5段

完成尺寸

	胸圍	連肩袖長	衣長
M	106.5cm	83.5cm	68cm
L	112.5cm	87cm	70cm
LL	117.5cm	91.5cm	72cm

織法重點

● 衣身以別鎖起針，再由下擺連接處開始編織。前衣身比後衣身多編織 2 段。減 1 針時作邊端 2 立針減針。收針時作套收針。下擺則是解開別線後挑針，編織 2 針鬆緊針，收針時以 2 針鬆緊針收縫。

● 袖子起編方式同衣身，袖下於 1 針內側扭加針。袖山減針同衣身織法，最後 6 段進行邊織邊留針目的引返編。收針時作套收針。袖口加針後，編織 2 針鬆緊針，收針時以 2 針鬆緊針收縫。

● 前襟以共鎖起 13 針，挑鎖針裡山開始編織。於指定的位置一邊製作釦眼一邊編織，收針時作套收針。袖襱處所有合印記號作平針併縫，挑針綴縫拉克蘭線、脇邊、袖下，但前衣身是縮縫 2 段份。挑針綴縫併接前襟・衣領。最後縫製鈕釦後即完成。

※無標示尺寸區分時，表示各尺寸通用。

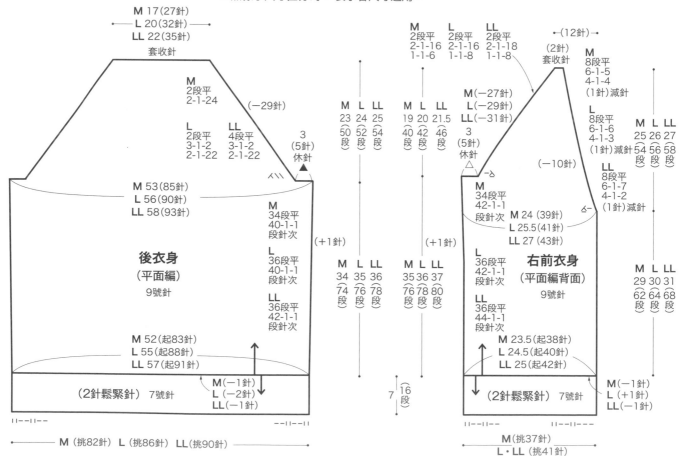

※除指定外，一律以炭灰色編織。
※▲・△合印記號皆為平針併縫。

※2針鬆緊針收縫參照P. 87。

※左右對稱編織左前衣身。

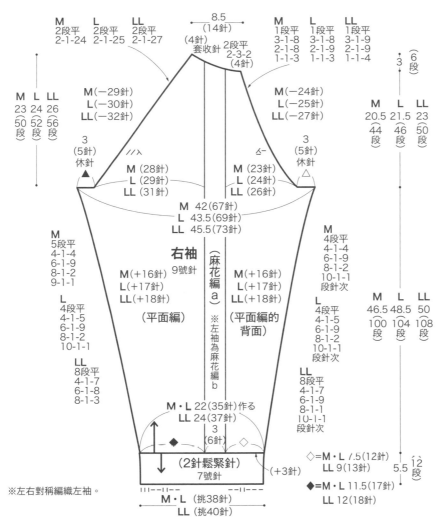

M
2段平
2-1-24
L
2段平
2-1-25
LL
2段平
2-1-27

8.5
(14針)
(4針)
套收針

2段平
2-3-2
(4針)

M
1段平
3-1-8
2-1-8
1-1-3
L
1段平
3-1-8
2-1-9
1-1-3
LL
1段平
3-1-9
2-1-9
1-1-4

3 (6段)

M L LL
23 24 26
(50) (52) (56)
段 段 段

M（−29針）
L（−30針）
LL（−32針）

M（−24針）
L（−25針）
LL（−27針）

M L LL
20.5 21.5 23
(44) (46) (50)
段 段 段

3
(5針)
休針 ▲

M (28針)
L (29針)
LL (31針)

M (23針)
L (24針)
LL (26針)

3
(5針)
休針 △

M 42(67針)
L 43.5(69針)
LL 45.5(73針)

M
5段平
4-1-4
6-1-9
8-1-2
9-1-1

右袖
9號針

M（+16針）
L（+17針）
LL（+18針）

（麻花編a）

M（+16針）
L（+17針）
LL（+18針）

（平面編的背面）

M
4段平
4-1-4
6-1-9
8-1-2
10-1-1
段針次

M
46.5
(100)
段

L
48.5
(104)
段

LL
50
(108)
段

L
4段平
4-1-5
6-1-9
8-1-2
10-1-1

（平面編）

※
左
袖
為
麻
花
編
b

L
4段平
4-1-5
6-1-9
8-1-2
10-1-1
段針次

LL
8段平
4-1-7
6-1-8
8-1-3

M・L 22(35針)作る
LL 24(37針)

3
(6針)

LL
8段平
4-1-7
6-1-9
8-1-1
10-1-1
段針次

◆ ◇

（2針鬆緊針）
7號針

(+3針)

◇＝M・L 7.5(12針)
LL 9(13針)

5.5
(12段)

◆＝M・L 11.5(17針)
LL 12(18針)

※左右對稱編織左袖。

M・L（挑38針）
LL（挑40針）

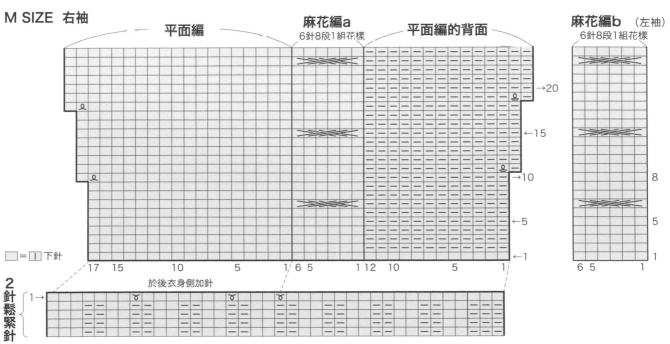

M SIZE 右袖

平面編

麻花編a
6針8段1組花樣

平面編的背面

麻花編b （左袖）
6針8段1組花樣

□＝□ 下針

2針鬆緊針

於後衣身側加針

→20

←15

→10

←5

←1

17 15 10 5 1/6 5 1 12 10 5 1

8

5

1

6 5 1

1→

85

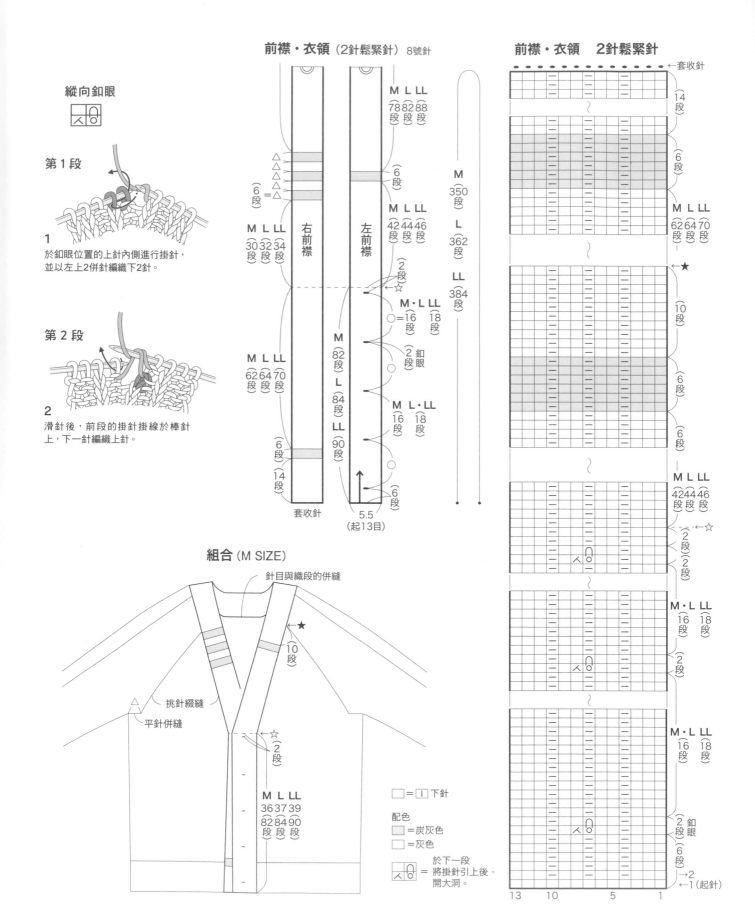

縱向釦眼

⼭⼭⼭

第1段

1
於釦眼位置的上針內側進行掛針，
並以左上2併針編織下2針。

第2段

2
滑針後，前段的掛針掛線於棒針
上，下一針編織上針。

前襟・衣領（2針鬆緊針）8號針

右前襟

M L LL
30 32 34
段 段 段

M L LL
62 64 70
段 段 段

6
段

套收針

左前襟

M L LL
78 82 88
段 段 段

6
段

M L LL
42 44 46
段 段 段

2
段

=(16
段

M・L
(16
段

M
(82
段

L
(84
段

LL
(90
段

M・L
(16
段

2
段 釦眼

LL
(18
段

2
段

6
段

5.5
（起13目）

M
350
段

L
362
段

LL
384
段

組合（M SIZE）

針目與織段的併縫

★

10
段

挑針綴縫
平針併縫

☆
2
段

M L LL
36 37 39
82 84 90
段 段 段

□=│下針

配色
□=炭灰色
□=灰色

⼭⼭ = 於下一段
將掛針引上後，
開大洞。

前襟・衣領　2針鬆緊針

←套收針

14
段

6
段

M L LL
62 64 70
段 段 段

★

10
段

6
段

6
段

M L LL
42 44 46
段 段 段

←☆
2
段
2
段

M・L LL
(16 (18
段 段

2
段

M・L LL
(16 (18
段 段

2
段 釦眼

6
段

→2
←1（起針）

13   10   5   1

NO. **17**

暖手套

photo » p.19

※除指定外，一律以9號針編織。
※左右對稱編織右手。

準備工具

〔 線材 〕Hamanaka Aran Tweed 淺駝色（2）
　　　　　55 g＝2球
〔 針 〕棒針9號、8號

密度

10 cm平方的平面編：18針×26段、
花樣編：26針為12 cm、26段為10 cm

完成尺寸

掌圍24cm、長度19cm

織法重點

● 以別鎖起針後接合成圈，編織花樣編及平面編，一側於拇指孔位置織入別線，另一側編織32段。
● 每個手指分別一面捲針及挑針，一面編織平面編成圈。
● 大拇指從拇指孔位置織入的別線上方與下方的針目中挑17針，並於兩側脇邊進行捲加針，再編織平面編成圈。
● 手腕側解開起針的別線後，於花樣編的部分一邊挑針一邊減4針，並編織1針鬆緊針成圈。收針時以1針鬆緊針收縫。

⟲ 捲加針

1
依照箭頭指示運轉右棒針，於右棒針上捲繞織線。

2
下一針編織下針。

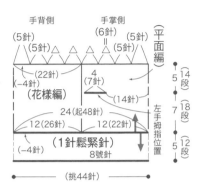

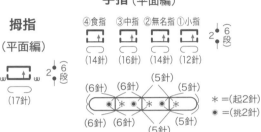

手指（平面編）

拇指
（平面編）

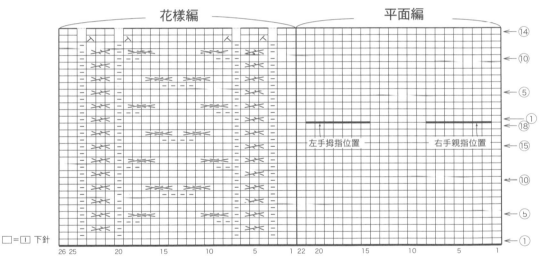

花樣編　　　　　平面編

□=①下針

2 針鬆緊針收縫

● 兩端皆為2針下針時

1
由1的針目內側穿入2的針目內側之後，再由1的針目內側穿入毛線縫針，往3的針目外側出針。

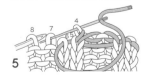

5
由4的針目外側入針，於7的針目外側出針（上針與上針）。重複步驟2至5。

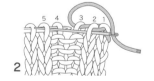

2
由2的針目內側入針，於5的針目內側出針（下針與下針）。

收針側

6
由2'的針目內側入針，於1'的針目內側出針。

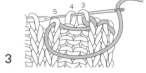

3
由3的針目外側入針，於4的針目外側出針（上針與上針）。

7
由3'的針目外側入針，於1'的針目內側出針。

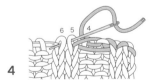

4
由5的針目內側入針，於6的針目內側出針（下針與下針）。

8
完成。

NO. **21**

前開襟 麻花背心

photo » p.23

準備工具

[線 材] Hamanaka Aran Tweed 炭灰色（9）
360 g ＝ 9 球（L SIZE）
M・LL 尺寸用線標準…M SIZE 9
球；LL SIZE 10 球
[針] 棒針 9 號、7 號
[其他] 直徑 2 ㎝ 炭灰色鈕釦 5 顆

密度

10 ㎝平方的平面編：16.5針×24段、
花樣編：18針為8㎝・10㎝為24段

完成尺寸

	胸圍	背肩寬	衣長
M	105cm	40cm	62cm
L	115cm	42cm	63cm
LL	119cm	44cm	64.5cm

織法重點

● 衣身以手指掛線起針，再由下擺處開始編織。前領口作 2 立針減針，袖襱處減 2 針以上作套收針，減 1 針則作邊端 1 立針減針，肩部休針。後領口中央針目接線後，作套收針。

● 肩部正面相對疊合後以引拔針併縫，挑針綴縫脇邊。前襟・衣領、袖襱處由衣身側進行挑針，並編織2針鬆緊針，於左前襟上製作釦眼。收針時分別編織下針、上針，套收針。於右前襟上縫製鈕釦後即完成。

※無標示尺寸區分時，表示各尺寸通用。

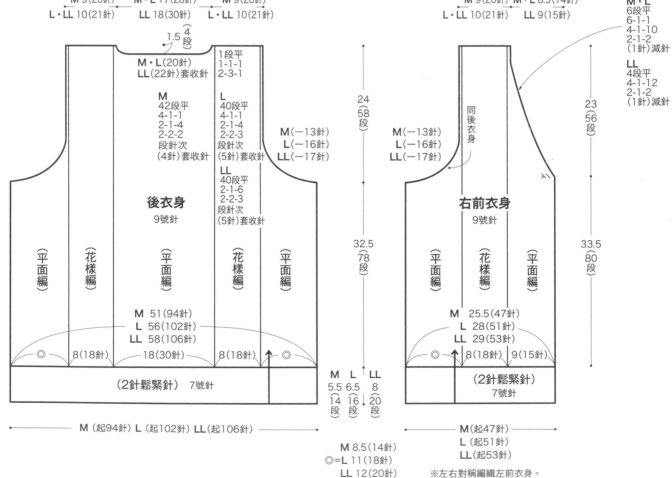

後衣身 9號針

右前衣身 9號針

※左右對稱編織左前衣身。

花樣編

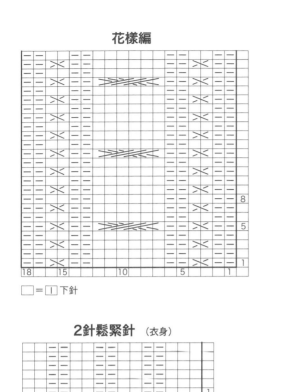

□ = ① 下針

2針鬆緊針（衣身）

← 起針

LL 後衣身・左前衣身
M・L 後衣身　M・L・LL 右前衣身
M・L 左前衣身

起針處

□ = ① 下針

前襟・衣領、袖襱

（2針鬆緊針）　7号針

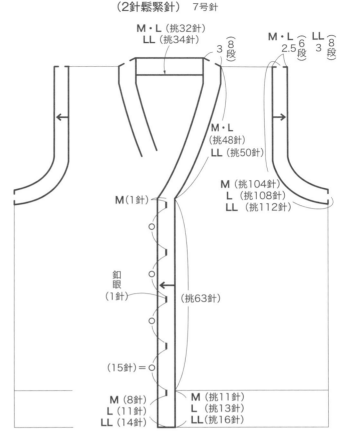

M・L（挑32針）
LL（挑34針）

3（8段）

M・L 2.5（6段）　LL 3（8段）

M・L（挑48針）
LL（挑50針）

M（挑104針）
L（挑108針）
LL（挑112針）

M（1針）

釦眼（1針）

（挑63針）

（15針）= ○

M（8針）
L（11針）
LL（14針）

M（挑11針）
L（挑13針）
LL（挑16針）

釦眼　M SIZE

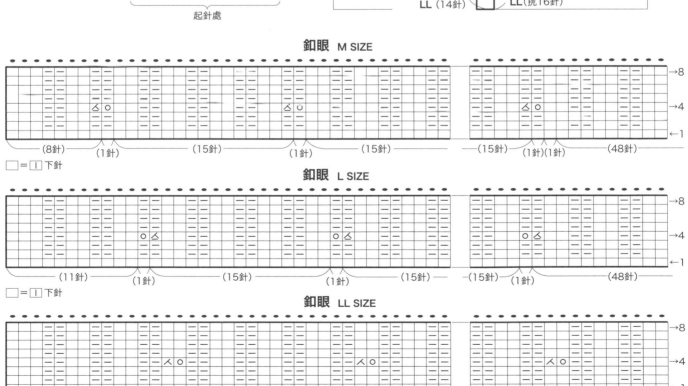

→8

→4

←1

（8針）　（1針）　（15針）　（1針）　（15針）　（15針）（1針）（1針）（48針）

□ = ① 下針

釦眼　L SIZE

→8

→4

←1

（11針）　（1針）　（15針）　（1針）　（15針）　（15針）（1針）（48針）

□ = ① 下針

釦眼　LL SIZE

→8

→4

←1

（14針）　（1針）　（15針）　（1針）　（15針）　（15針）（1針）（50針）

□ = ① 下針

NO.22

地模樣
小圓領背心

photo » p.24

準備工具

［線材］Hamanaka Men's Club MASTER
深藍色（7）420 g ＝ 9 球（M SIZE）
L・LL 尺寸用線標準…L SIZE 9 球；
LL SIZE 10 球
［針］棒針 10 號、8 號

密度

10cm平方的花樣編：15針×32段

織法重點

● 前後衣身皆以手指掛線起針，再開始編織
1針鬆緊針，接著編織花樣編。
● 袖襱、領口處減2針以上作套收針，減1針
作邊端1立針減針。
● 肩部進行套收針併縫，脇邊、袖下分別挑
針綴縫。
● 衣領、袖襱輪編1針鬆緊針。收針時以輪編
1針鬆緊針收縫。

完成尺寸

	胸圍	背肩寬	衣長
M	100cm	42cm	64cm
L	104cm	42cm	65cm
LL	108cm	44cm	67cm

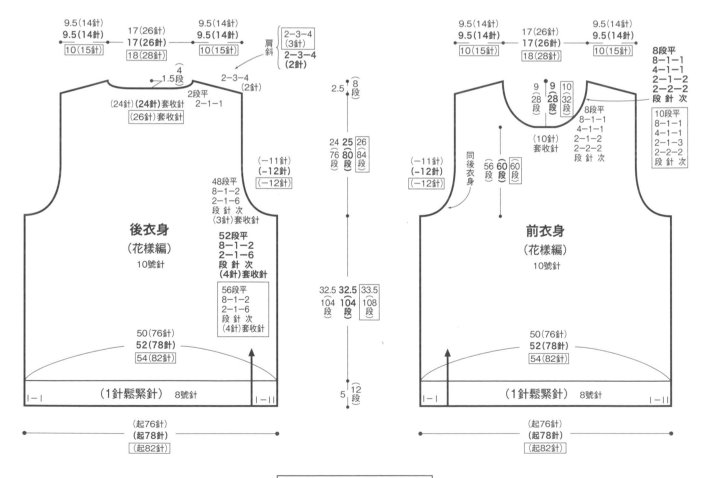

依照M、**L**、LL 的順序標示尺寸，
僅標示1個數字時表示各尺寸通用。

※ 2針鬆緊針收縫（輪編）參照 P. 87。

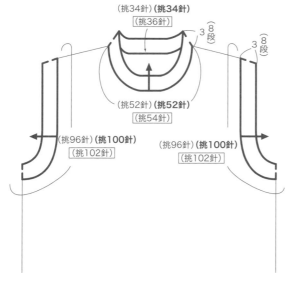

衣領、袖襱（1針鬆緊針）　8號針

（挑34針）（**挑34針**）
〔挑36針〕

3 (8)
段

3 (8)
段

（挑52針）（**挑52針**）
〔挑54針〕

（挑96針）（**挑100針**）
〔挑102針〕

（挑96針）（**挑100針**）
〔挑102針〕

※輪編1針鬆緊針收縫參照 P. 93。

1針鬆緊針

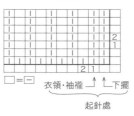

□＝□　衣領・袖襱 ↲ ↳ 下擺

起針處

花樣編

收針處　　□＝□　Ⅳ＝於正面開始的織段編織下針，於背面開始的織段則於正面側渡線後編織滑針。　　起針處

　⇐• 滑針（1段的時候）
⇒×

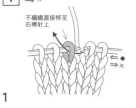

1
於●的織段，將織線置於外側，
依照箭頭指示穿入棒針後，不編
織直接移至棒針上。

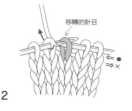

2
此為滑針。編織接下來的針目。

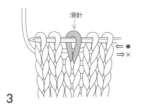

3
滑針的部分為渡線在外側。

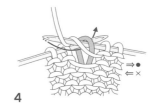

4
下一段依照織圖編織滑針。

艾倫花樣
針織帽

photo » p.25

[準備工具]

[線材] Hamanaka Aran Tweed 炭灰色
　　　（9）90 g ＝ 3 球
[針] 棒針 8 號、6 號

[密度]

10 cm平方的花樣編：20針×26.5段

[完成尺寸]

頭圍 55 cm、帽深 21 cm

[織法重點]

● 以手指掛線起針，編織成圈。由 2 針鬆緊針開
　始編織，織入花樣編時，將織片翻至背面。
● 參照織圖，一邊進行分散減針，一邊編織。
● 於剩餘的15針，每間隔 1 針穿線 2 圈後，縮
　口束緊。

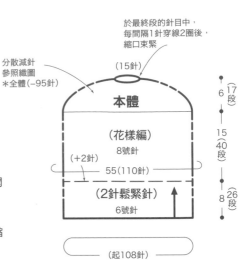

於最終段的針目中，
每間隔1針穿線2圈後，
縮口束緊。

分散減針
參照織圖
＊全體（−95針）

（15針）

本體

（花樣編）
8號針

（+2針）

55（110針）

（2針鬆緊針）
6號針

6 ｛17段｝

15（40段）

8 ｛26段｝

（起108針）

本體

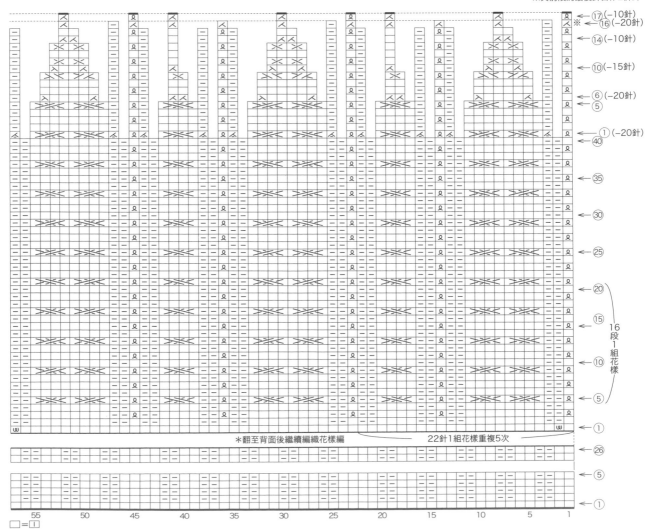

※與前段的最後針目作2併針

⑰（−10針） ※
⑯（−20針）
⑭（−10針）
⑩（−15針）
⑥（−20針）
⑤
①（−20針）
⑳
㉟
㉚
㉕
⑳
⑮
⑩
⑤
①

16段1組花樣

＊翻至背面後繼續編織花樣編　　22針1組花樣重複5次

㉖
⑤
①

55　50　45　40　35　30　25　20　15　10　5　1

□＝□

⑳＝捲加針（參照P. 87）

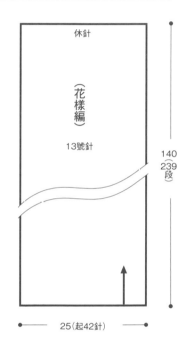

NO. 24

長版脖圍

photo ≫ p.25

［準備工具］

［線材］ Hamanaka Amerry L《極太》
　　　　紫色（115）300 g ＝ 8 球
［針］ 棒針 13 號

密度

10cm平方的花樣編：17針×17段

完成尺寸

脖圍 140 cm、長度 25 cm

織法重點

● 以別鎖針起針，編織 239 段花樣編。
● 收針時休針，一邊與起針以平針併縫製作 1 段，一邊接合成圈。

花樣編

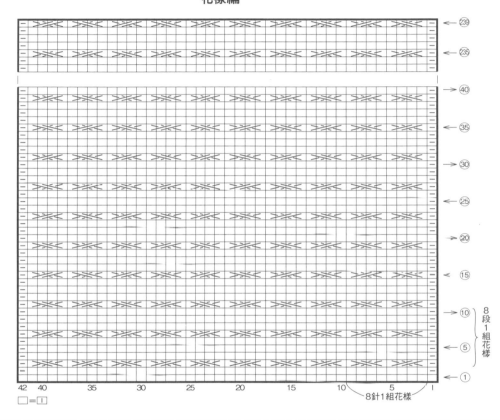

休針

（花樣編）

13號針

140
239
段

25（起42針）

□ ＝ ①

8段1組花樣

8針1組花樣

1 針鬆緊針收縫

● 輪編時

1 由 1 的針目（最初針目）外側穿入毛線縫針，於 2 的針目外側出針。

2 由 1 的針目內側入針，於 3 的針目內側出針。

3 由 2 的針目外側入針，於 4 的針目外側出針（上針與上針）。

4 由 3 的針目內側入針，於 5 的針目內側出針（下針與下針）。重複步驟4、5。

收針側

5 由 2' 的針目內側入針，於 1 的針目（最初針目）內側出針（下針與下針）。

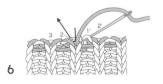

6 由1' 的針目（上針）外側入針，於 2 的針目（最初的上針）外側出針。

7 於 1' 與 2 的針目中穿入毛線縫針的模樣。於 1 與 2 中穿入 3 次毛線縫針。

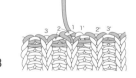

8 拉線後，完成。

NO. **25**

條紋背心

photo » p.26

準備工具

[線材] Hamanaka Men's Club MASTER
淺駝色（18）310 g＝7球、焦茶色（58）70 g＝2球（M SIZE）L·LL 尺寸用線標準…L SIZE 淺駝色7球、焦茶色2球；LL SIZE 淺駝色8球、焦茶色3球

[針] 棒針12號、10號

[其他] 淺駝色開口拉鍊M 60cm、L 63cm、LL 66cm 1條

密度

10cm平方的花樣編：15針×22段

完成尺寸

	胸圍	背肩寬	衣長
M	107cm	42cm	62.5cm
L	113cm	45cm	65.5cm
LL	119cm	48cm	68.5cm

織法重點

● 衣身以別鎖起針，並編織花樣編。袖襱、領口處減2針以上作套收針，減1針作邊端1立針減針。下擺解開起針的鎖針後挑針，編織1針鬆緊針，並以1針鬆緊針收縫。

● 套收併縫肩部，挑針綴縫脇邊。由衣身側進行挑針編織袖襱、衣領、前襟的1針鬆緊針，收針時以1針鬆緊針收縫。前襟處則由背面側以半回針縫固定開口拉鍊。

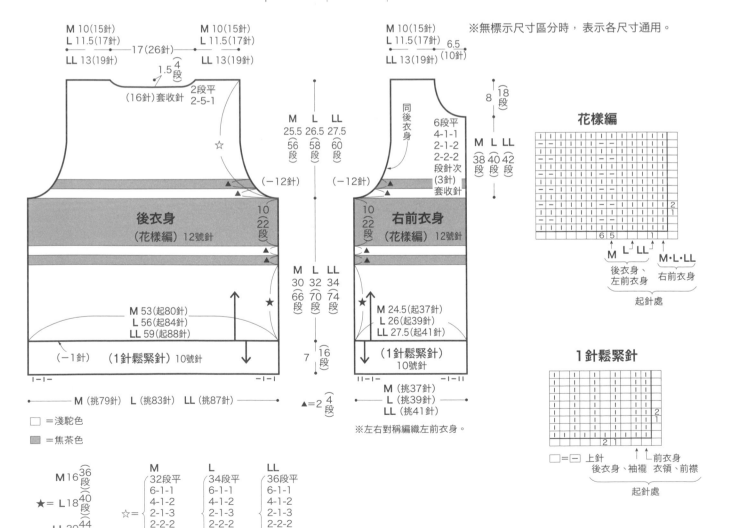

※無標示尺寸區分時，表示各尺寸通用。

□＝淺駝色

■＝焦茶色

※左右對稱編織左前衣身。

94

衣領、前襟、袖襱

（1針鬆緊針）10號針

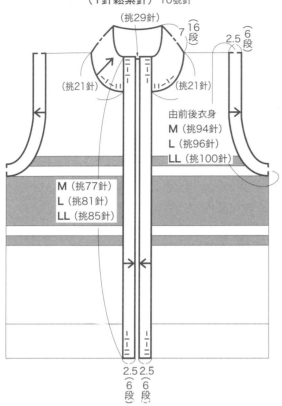

（挑29針）

7 ⁄ 16段

2.5 ⁄ 6段

（挑21針） （挑21針）

由前後衣身
M（挑94針）
L（挑96針）
LL（挑100針）

M（挑77針）
L（挑81針）
LL（挑85針）

2.5 ⁄ 6段　2.5 ⁄ 6段

拉鍊接縫方法

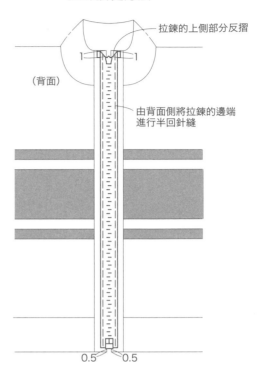

拉鍊的上側部分反摺

（背面）

由背面側將拉鍊的邊端
進行半回針縫

0.5　0.5

●接縫拉鍊之前

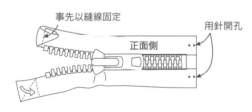

事先以縫線固定

用針開孔

正面側

由於開口拉鍊的下側質地較硬，縫線不易穿過，因此事先以裁縫用前端尖銳的珠針開4個孔。另外，拉鍊的上側，請如圖所示，事先於五金的邊端摺成三角形後，縫於正面側上。

●接縫拉鍊

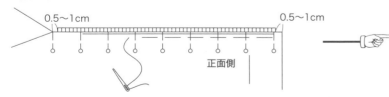

0.5～1cm　0.5～1cm

正面側

拉鍊拆開後，單側分別接縫。於下擺側、衣領側、正中間以珠針固定，其間亦可固定幾處。請小心避免珠針刺傷手，將拉鍊以疏縫線固定於衣身上。

確實固定

① 半回針縫

約 0.2cm

② 藏針縫

背面側

確實固定

固定2至3次

待疏縫完後，取下珠針，避免影響正面美觀以半回針縫縫合，於下擺側事先開的孔洞中，縫2、3次後固定。另一側的拉鍊亦以相同要領接縫上去。最後，將拉鍊的邊端藏針縫固定後完成。

NO. 26

地模樣
拉克蘭夾克

photo ≫ p.27

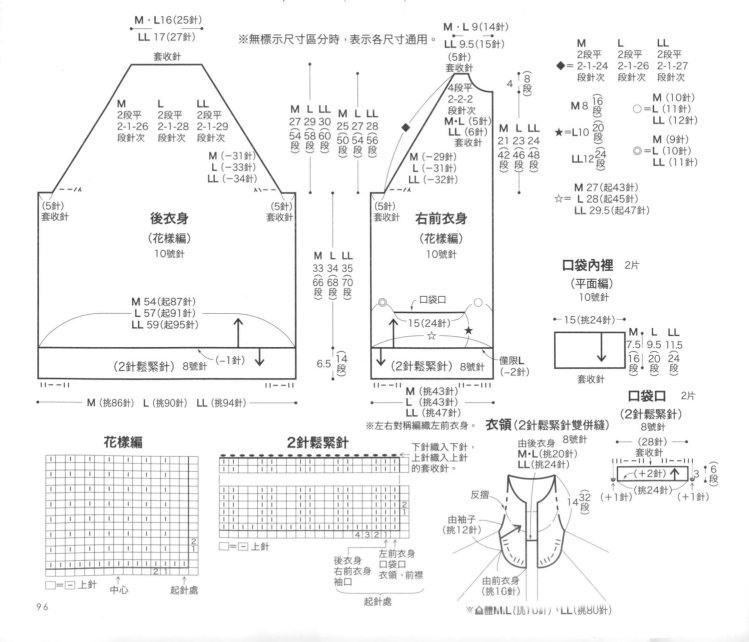

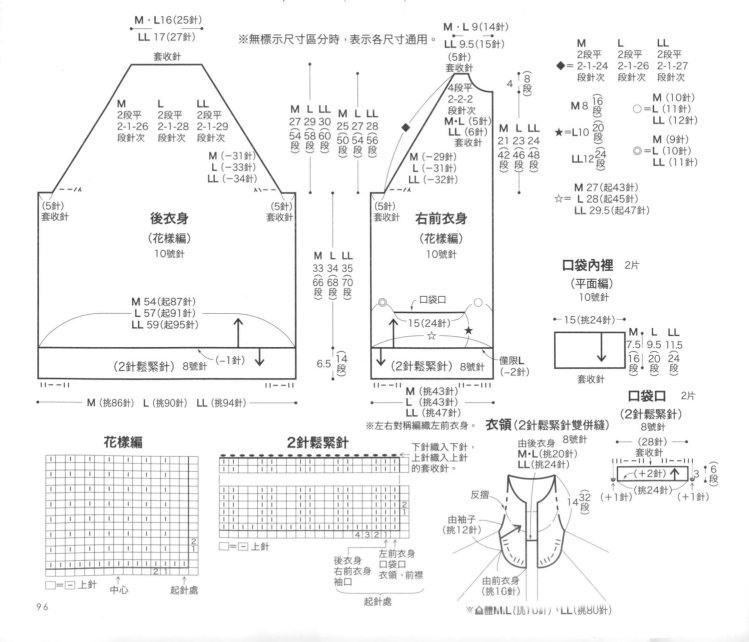 준備工具

[線 材] Hamanaka Men's Club MASTER
灰色（71）680 g ＝ 14 球（M SIZE）
L·LL 尺寸用線標準…L SIZE 15 球；LL SIZE 15 球

[針] 棒針 10 號、8 號

[其 他] 直徑 23 ㎜黑色鈕釦 7 顆

密度
10㎝平方的花樣編：16針×20段

完成尺寸

	胸圍	衣長	連肩袖長
M	111.5cm	66.5cm	80.5cm
L	116.5cm	69.5cm	85.5cm
LL	121.5cm	71.5cm	88cm

織法重點

● 衣身·袖子以別鎖起針後開始編織，拉克蘭線的減針參照織圖編織。於前衣身的口袋位置，事先織入別線。袖下於 1 針內側扭加針。解開別線鎖針後挑針，並於衣身下擺及袖口處編織 2 針鬆緊針。收針時依前段針目套收針，下針織下針套收，上針織上針套收。解開別線後挑針，編織口袋內裡及口袋口。口袋口的收針織法和衣身下擺相同。

● 挑針綴縫拉克蘭線、脇邊、袖下，平針併縫側身的針目。衣領織法同下擺，以 2 針鬆緊針編織，作套收針後，往背面側反摺，捲針雙併縫。前襟處由指定的位置挑針，編織 2 針鬆緊針，收針織法同下擺。最後於前襟上縫製鈕釦後即完成。

※無標示尺寸區分時，表示各尺寸通用。

後衣身（花樣編）10號針

M·L16(25針) / LL 17(27針) 套收針

M 2段平 2-1-26 段針次
L 2段平 2-1-28 段針次
LL 2段平 2-1-29 段針次

M（−31針）L（−33針）LL（−34針）

(5針)套收針

M 54（起87針）L 57（起91針）LL 59（起95針）

（2針鬆緊針）8號針　（−1針）

M（挑86針）L（挑90針）LL（挑94針）

M L LL 27 29 30 / 54 58 60 段

M L LL 25 27 28 / 50 54 56 段

M L LL 33 34 35 / 66 68 70 段

6.5 14段

右前衣身（花樣編）10號針

M·L 9(14針) / LL 9.5(15針) (5針) 套收針

4 8段

4段平 2-2-2 段針次 M·L (5針) LL (6針) 套收針

M（−29針）L（−31針）LL（−32針）

(5針)套收針

M L LL 21 23 24 / 42 46 48 段

◆ =
M 2段平 2-1-24 段針次
L 2段平 2-1-26 段針次
LL 2段平 2-1-27 段針次

M 8 16段
★=L10 20段
LL12 24段
○ = M (10針) L (11針) LL (12針)
◎ = M (9針) L (10針) LL (11針)
☆ = M 27(起43針) L 28(起45針) LL 29.5(起47針)

口袋口　15(24針)　☆　★

僅限L（−2針）

（2針鬆緊針）8號針

M（挑43針）L（挑43針）LL（挑47針）

※左右對稱編織左前衣身。

口袋內裡 2片（平面編）10號針
15(挑24針)
M·L·LL 7.5 9.5 11.5 / 16 20 24 段
套收針

口袋口 2片（2針鬆緊針）8號針
（28針）套收針
（挑24針）（＋2針）
3 6段
（＋1針）（＋1針）

衣領（2針鬆緊針雙併縫）8號針
由後衣身 M·L(挑20針) LL(挑24針)
反摺
由袖子（挑12針）
由前衣身（挑16針）
14 32段

花樣編
□=─ 上針
中心　起針處

2針鬆緊針
□=─ 上針
下針織入下針，上針織入上針的套收針。
2 1
4 3 2 1

後衣身
右前衣身
袖口
左前衣身
口袋口
衣領、前襟
起針處

 96

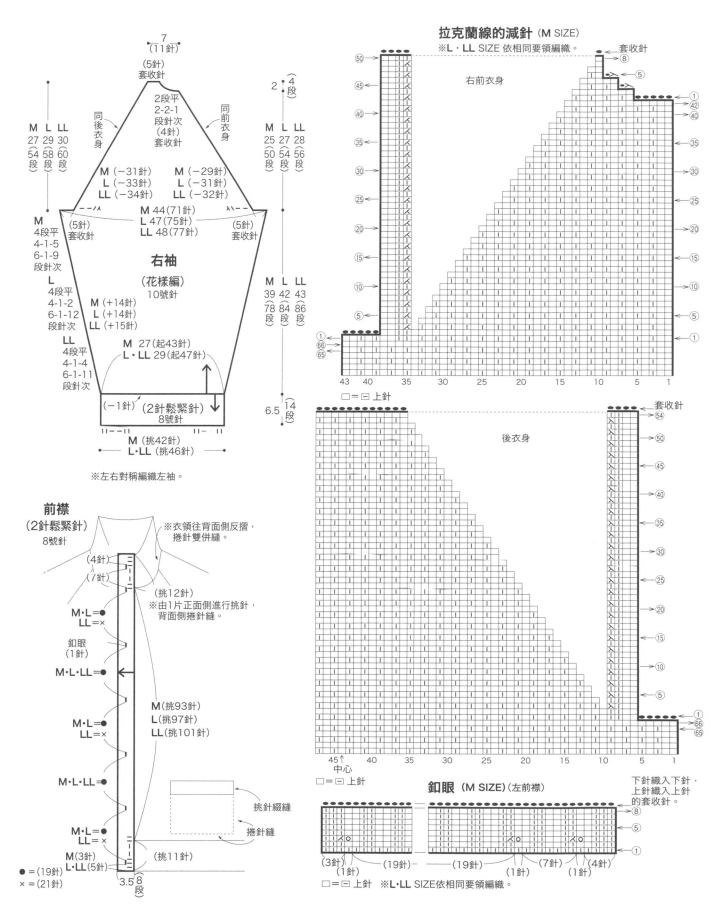

拉克蘭線的減針（M SIZE）
※L‧LL SIZE 依相同要領編織。

右前衣身

套收針

右袖
（花樣編）
10號針

7
（11針）

（5針）
套收針

2段平
2-2-1
段針次
（4針）
套收針

同後衣身
同前衣身

2 （4段

M L LL
27 29 30
54 58 60
段 段 段

M L LL
25 27 28
50 54 56
段 段 段

M（−31針）
L（−33針）
LL（−34針）

M（−29針）
L（−31針）
LL（−32針）

M 44（71針）
L 47（75針）
LL 48（77針）

M
4段平
4-1-5
6-1-9
段針次
L
4段平
4-1-2
6-1-12
段針次
LL
4段平
4-1-4
6-1-11
段針次

（5針）
套收針

（5針）
套收針

M（+14針）
L（+14針）
LL（+15針）

M L LL
39 42 43
78 84 86
段 段 段

M 27（起43針）
L‧LL 29（起47針）

（−1針） （2針鬆緊針）
8號針

6.5 （14段

M（挑42針）
L‧LL（挑46針）

※左右對稱編織左袖。

□ = ⊟ 上針

後衣身

套收針
54
50
45
40
35
30
25
20
15
10
5

前襟
（2針鬆緊針）
8號針

※衣領往背面側反摺，
捲針雙併縫。

（4針）
（7針）
（挑12針）
※由1片正面側進行挑針，
背面側捲針縫。

M‧L = ●
LL = ×

釦眼
（1針）

M‧L‧LL = ●

M（挑93針）
L（挑97針）
LL（挑101針）

M‧L‧LL = ●

挑針綴縫
捲針縫

M‧L = ●
LL = ×

M（3針）
L‧LL（5針）

（挑11針）

3.5 8段

● = （19針）
× = （21針）

45↑
中心

□ = ⊟ 上針

釦眼（M SIZE）（左前襟）

下針織入下針，
上針織入上針
的套收針。
8
5
1

（3針）
（1針）
（19針）
（19針）
（1針）
（7針）
（1針）
（4針）

□ = ⊟ 上針 ※L‧LL SIZE 依相同要領編織。

NO. **27**

圓形剪接毛衣

photo » p.28

準備工具

[線材] Hamanaka Aran Tweed 海軍藍
（16）380 g ＝ 10 球、原色（1）
25 g ＝ 1 球（M SIZE）
L・LL 尺寸用線標準…L SIZE 海
軍藍 11 球、原色 1 球；LL SIZE
海軍藍 12 球、原色 1 球
[針] 棒針 9 號、8 號、7 號

密度

10cm平方的平面編：16針×22.5段（8號針）、
織入花樣：16針×22段（9號針）

織法重點

● 前後衣身‧袖子皆以手指掛線起針，編織 1
針鬆緊針，接著編織平面編。後衣身編織 6
段前後差。收針時進行休針。

● 袖下於 1 針內側進行扭加針。

● 由前後衣身、袖子合印記號除外的休針進
行挑針，再以織入花樣編織抵肩。接著，
編織領子的 1 針鬆緊針，收針時進行 1 針
鬆緊針收縫。

● 挑針綴縫脇邊、袖下，平針併縫所有合印
記號，併縫針目與織段的組合。

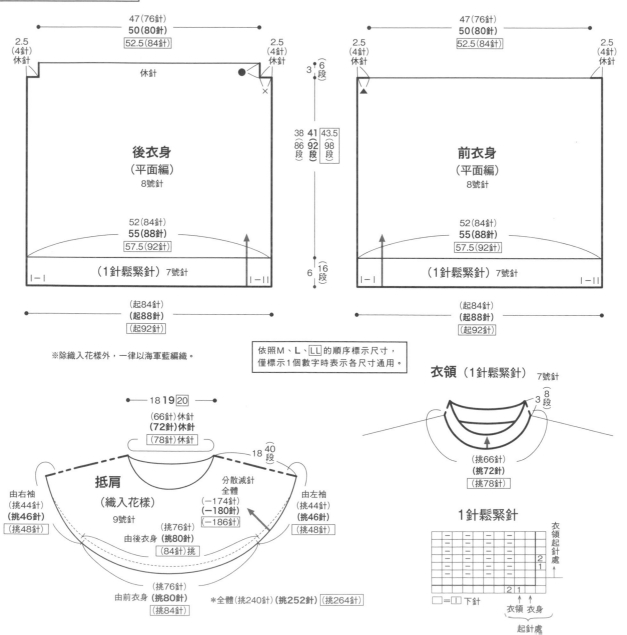

※除織入花樣外，一律以海軍藍編織。

依照M、L、LL 的順序標示尺寸，
僅標示1個數字時表示各尺寸通用。

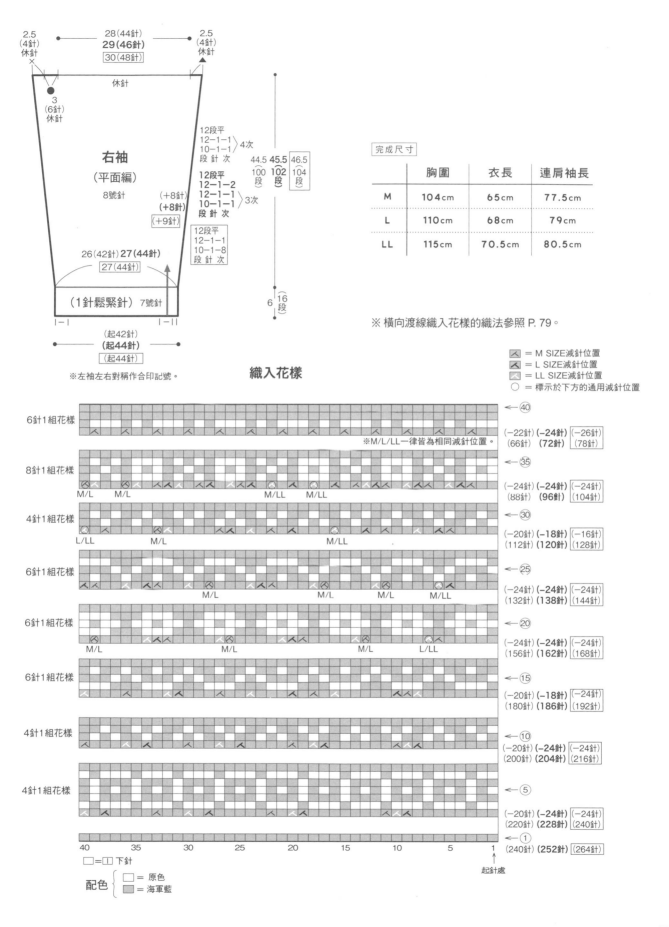

完成尺寸			
	胸圍	衣長	連肩袖長
M	104cm	65cm	77.5cm
L	110cm	68cm	79cm
LL	115cm	70.5cm	80.5cm

右袖
（平面編）
8號針

※橫向渡線織入花樣的織法參照 P. 79。

= M SIZE減針位置
= L SIZE減針位置
= LL SIZE減針位置
○ = 標示於下方的通用減針位置

織入花樣

※M/L/LL一律皆為相同減針位置。

□=□ 下針
配色 { □ = 原色
        = 海軍藍

※左袖左右對稱作合印記號。

NO. 28

V領
艾倫花樣背心

photo » p.29

準備工具

[線材] Hamanaka Men's Club MASTER
藍灰色（51）370 g＝8 球（M SIZE）
L·LL尺寸用線標準…L SIZE 8球；
LL SIZE 9球
[針] 棒針 10號、8號

密度

10cm平方的平面編：14針×21段

完成尺寸

	胸圍	背肩寬	衣長
M	106cm	45cm	62cm
L	110cm	45cm	64cm
LL	114cm	46cm	66cm

織法重點

● 前後衣身以別鎖起針，再依織圖配置平面編、花樣編A、B、A'，進行編織。
● 袖襱、衣領處減2針以上作套收針，減1針作邊端1立針減針。
● 下擺解開別線後挑針編織1針鬆緊針，收針時以1針鬆緊針收縫。
● 肩部進行套收針併縫，脇邊則以挑針綴縫併接。
● 衣領、袖襱由前後衣身挑針，編織1針鬆緊針，收針時以1針鬆緊針收縫。

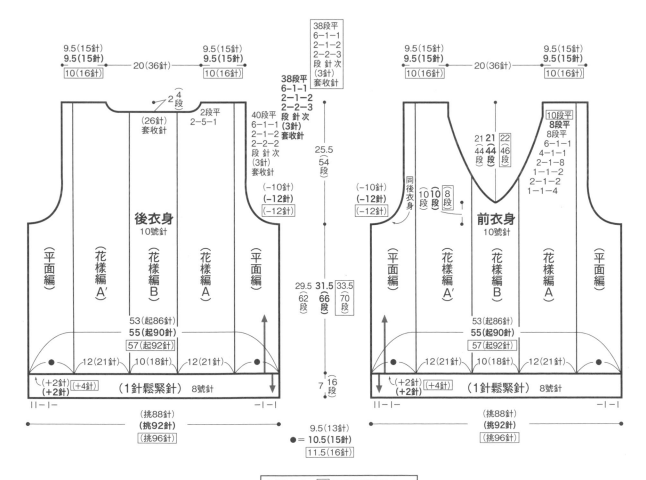

依照M、**L**、LL 的順序標示尺寸，
僅標示1個數字時表示各尺寸通用。

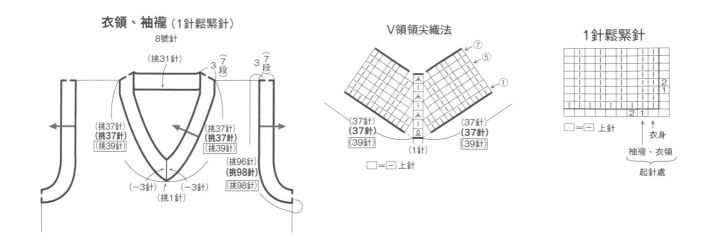

衣領、袖襱（1針鬆緊針）
8號針

V領領尖織法

1針鬆緊針

□＝□ 上針

花樣編

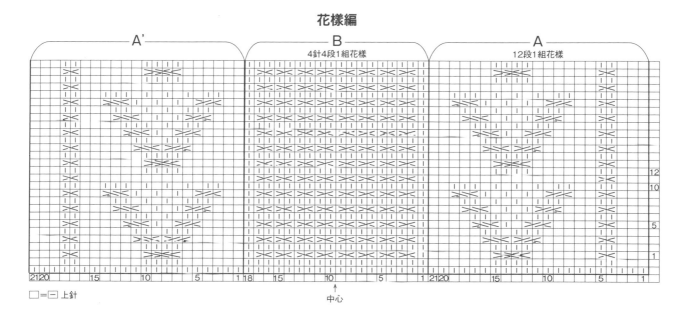

□＝□ 上針

中心

後衣領
M SIZE
※L、LL SIZE依相同要領編織。

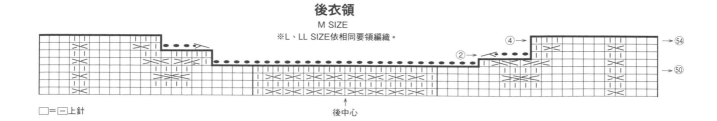

□＝□上針

後中心

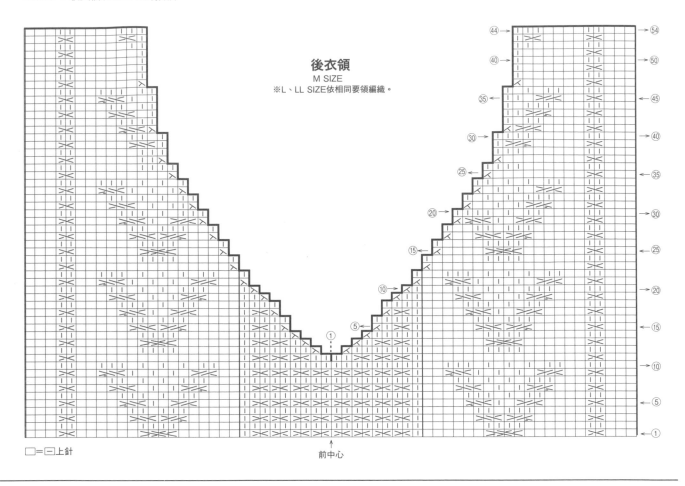

後衣領
M SIZE
※L、LL SIZE依相同要領編織。

□=□上針

↑
前中心

縱向渡線織入花樣的織法

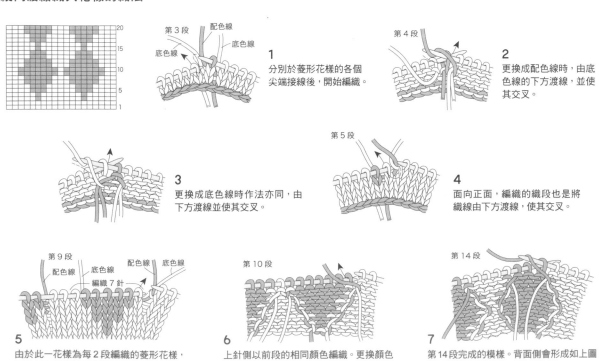

1 分別於菱形花樣的各個尖端接線後,開始編織。

2 更換成配色線時,由底色線的下方渡線,並使其交叉。

3 更換成底色線時作法亦同,由下方渡線並使其交叉。

4 面向正面,編織的織段也是將織線由下方渡線,使其交叉。

5 由於此一花樣為每2段編織的菱形花樣,因此於下針側變換花樣。

6 上針側以前段的相同顏色編織。更換顏色時,使2色交叉。

7 第14段完成的模樣。背面側會形成如上圖般的狀態。

NO. 37

麻花圍巾

photo » p.38

準備工具

〔線材〕　Hamanaka Amerry L《極太》
　　　　　紅色（106）235 g ＝ 6 球
〔針〕　棒針 13 號

密度

10 cm平方的花樣編：22針×19段

完成尺寸

寬度 17 cm、長度 141 cm

織法重點

● 以手指掛線起針，並編織 5 段 1 針鬆緊針。
● 加 1 針，並編織花樣編 259 段。減 1 針，
　編織 5 段 1 針鬆緊針。
● 收針時，上針織上針套收針，下針織下針套
　收針。

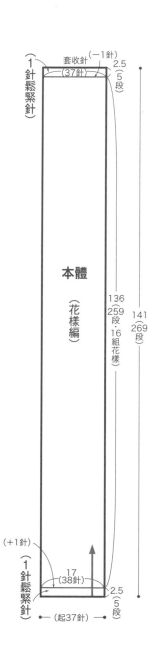

本體（花樣編）

（1針鬆緊針）

套收針（-1針）
（37針）
2.5（5段）

136（259段・16組花樣）
141（269段）

（+1針）
（1針鬆緊針）
17（38針）
2.5（5段）
（起37針）

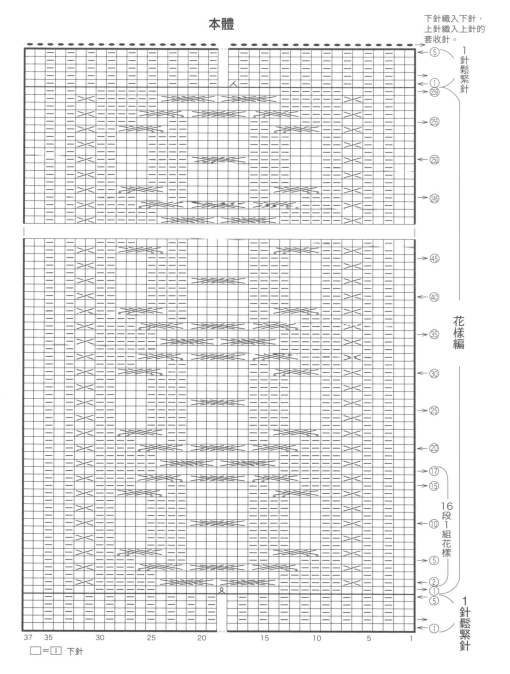

本體

下針織入下針、
上針織入上針的
套收針。

1針鬆緊針

花樣編

16段1組花樣

1針鬆緊針

□＝Ⅰ 下針

NO. **29**

北歐風
針織毛衣

photo » p.30

〔準備工具〕

〔線材〕 Hamanaka Amerry 自然黑（52）
440 g ＝ 11 球、 炭 灰（30）55
g ＝ 2 球、灰色（22）35 g ＝ 1
球、自然白（20）10 g ＝ 1 球（M
SIZE）、
L・LL 尺寸用線標準…L SIZE 自
然黑 12 球、炭灰 2 球、灰色・自
然白各 1 球；LL SIZE 自然黑 13 球、
炭灰 2 球、灰色・自然白各 1 球
〔 針 〕 棒針 5 號、4 號、3 號

〔密度〕

10cm平方的平面編：24針×28.5段、
織入花樣：24針×28段

〔織法重點〕

● 前後衣身・袖子皆以手指掛線起針，再編織
1針鬆緊針，接著編織平面編。後衣身編織
8段前後差。側身針目套收針，收針時進行
休針。

● 袖下於 1 針內側進行扭加針。

● 挑針綴縫脇邊、袖下，所有合印記號以平針
併縫，併縫組合針目與織段。

● 由前後衣身、袖子的休針挑針，再以織入花
樣編織抵肩。織入花樣以橫向渡線織入花樣
的織法編織。接著，編織衣領的 1 針鬆緊
針，作套收針之後對摺，於背面側的領口處
藏針縫。

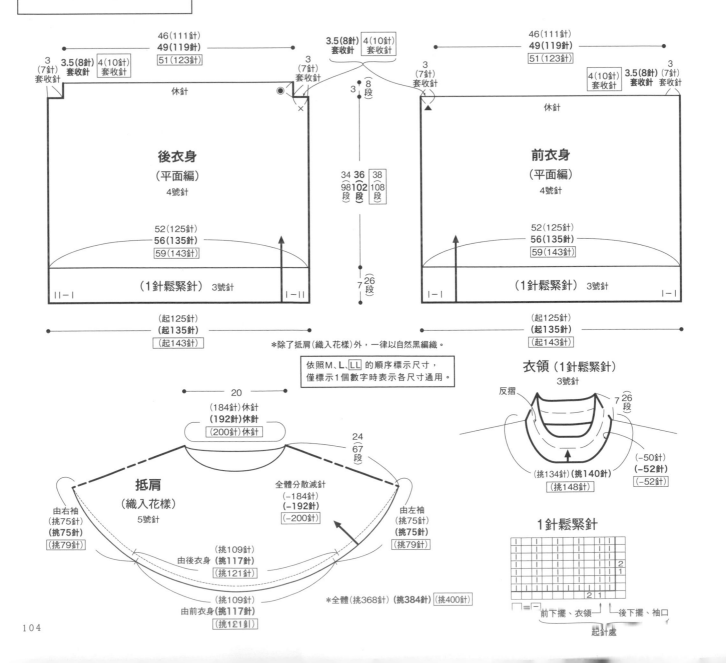

104

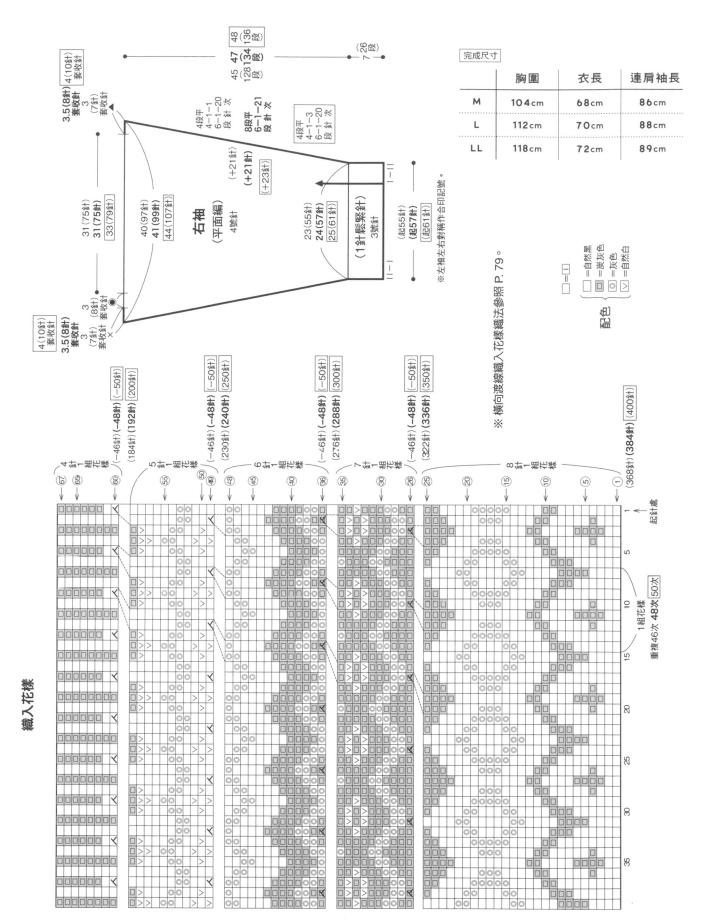

NO. **30**

麻花毛衣

photo » p.31

準備工具

[線材] Hamanaka Amerry 自然白（20）505g＝13球（M SIZE）L·LL尺寸用線標準…L SIZE 14球；LL SIZE 15球 ※P.31左側的荳蔻色（49）亦為同量。

[針] 棒針6號、5號

密度

平面編10cm為21.5針、花樣編8cm為24針，段數皆為10cm27.5段。

織法重點
- 前後衣身、袖子以手指掛線起針，再編織2針鬆緊針。接著，依織圖配置平面編及花樣編進行編織。
- 減2針以上作套收針，減1針作邊端1立針減針。袖下1針內側進行扭加針。
- 肩部進行套收針併縫，脇邊則以挑針綴縫併接。
- 衣領由領口處挑針，編織2針鬆緊針，收針時作套收針，對摺，於背面側藏針縫固定。
- 將衣身正面相對疊合，引拔綴縫併接袖子與衣身。

完成尺寸

	胸圍	背肩寬	衣長	袖長
M	106cm	40cm	65cm	57cm
L	112cm	43cm	67cm	58.5cm
LL	118cm	45cm	69cm	60cm

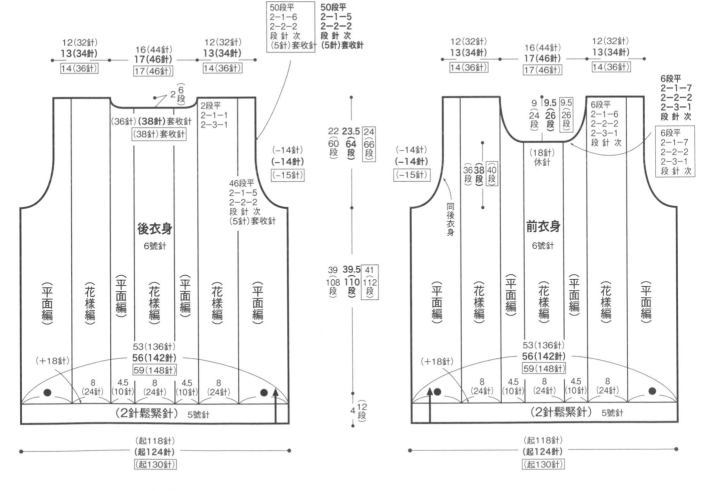

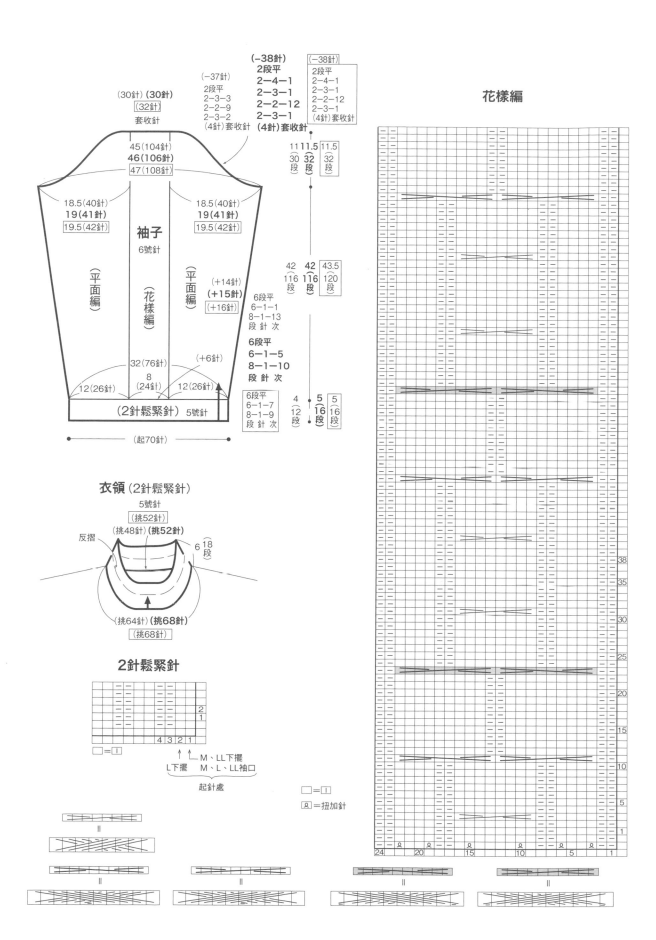

花樣編

袖子
6號針

衣領（2針鬆緊針）

2針鬆緊針

□=Ⅰ

M、LL下擺
L下擺　　M、L、LL袖口

起針處

□=Ⅰ
⊻=扭加針

NO. 31

簡約款毛衣

photo » p.32

準備工具

[線 材] Hamanaka Aran Tweed 藏青色
（11）520 g ＝ 13 球、紅色（6）
20 g ＝ 1 球（M SIZE）
L、LL 尺寸用線標準…L SIZE 藏青
色 14 球、紅色 1 球；LL SIZE 藏青
色 16 球、紅色 1 球

[針] 棒針 7 號、5 號

密度

10cm 平方的平面編17針×25段

完成尺寸

	胸圍	衣長	連肩袖長
M	110cm	67cm	83.5cm
L	114cm	70cm	86.5cm
LL	122cm	72cm	89.5cm

織法重點

● 前後衣身、袖子以手指掛線起針，再編織 2
針鬆緊針，接著編織花樣編。

● 2 針以上的減針作套收針，拉克蘭線作邊端
2 立起針的減針，除此以外，作邊端 1 立針
減針。袖下於1針內側進行扭加針。

● 側身的針目以平針併縫，挑針綴縫併接拉克
蘭線及脇邊、袖下。

● 由領口處挑針編織 2 針鬆緊針，收針時，作
下針織入下針，上針織入上針的套收針。

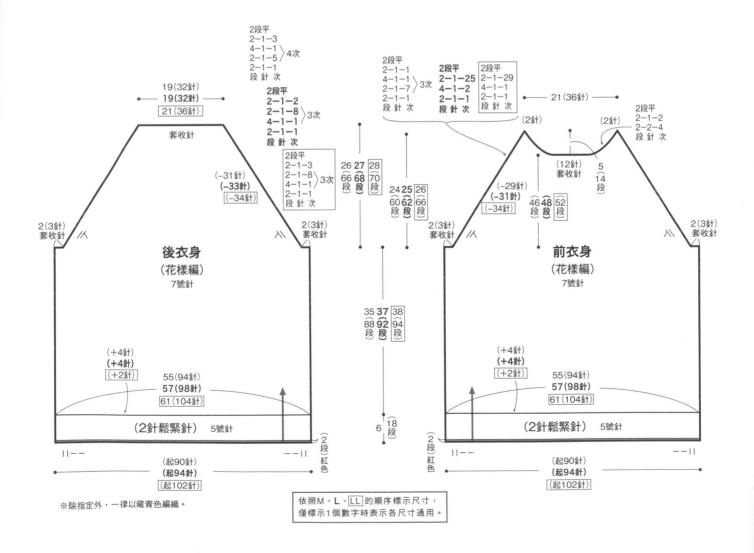

※除指定外，一律以藏青色編織。

依照M、L、LL 的順序標示尺寸，
僅標示1個數字時表示各尺寸通用。

衣領（2針鬆緊針）5號針 藏青色

由後衣身
（挑30針）
（挑30針）
[挑34針]

套收針

3.5 {10段}

由袖子
（挑12針）

由袖子
（挑12針）

由前衣身
（挑42針）

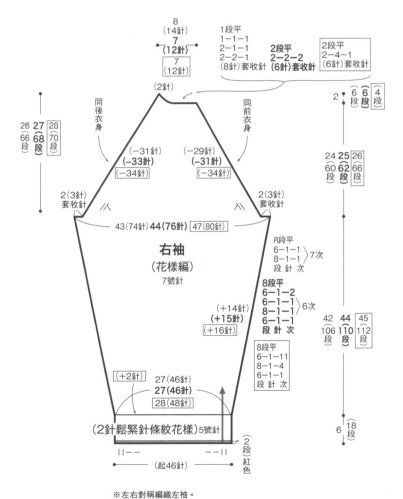

8
（14針）
7
（12針）
[7]
[（12針）]

（2針）

同後衣身
同前衣身

1段平
1-1-1
2-1-1
2-2-1
（8針）套收針

2段平
2-2-2
（6針）套收針

2段平
2-4-1
[（6針）套收針]

2 •
{6段}
{6段}
[4段]

（−31針）
（−33針）
[（−34針）]

（−29針）
（−31針）
[（−34針）]

24
（60段）
25
（62段）
[26]
[（66段）]

26
（66段）
27
（68段）
[28]
[（70段）]

2（3針）
套收針

2（3針）
套收針

43（74針） **44（76針）** [47（80針）]

右袖
（花樣編）
7號針

8段平
6-1-1 }7次
8-1-1
段 針 次

8段平
6-1-2
6-1-1 }6次
8-1-1
6-1-1
段 針 次

（+14針）
（+15針）
[（+16針）]

42
（106段）
44
（110段）
[45]
[（112段）]

8段平
6-1-11
8-1-4
6-1-1
段 針 次

[（+2針）] 27（46針）
27（46針）
[28（48針）]

6 {18段}

（2針鬆緊針條紋花樣）5號針

（2段）紅色

｜｜－－　　－－｜｜
（起46針）

※左右對稱編織左袖。
※除指定外，一律以藏青色編織。

2針鬆緊針

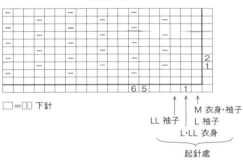

□=口 下針

花樣編

□=口 下針

LL 袖子
M 衣身・袖子
L 袖子
L・LL 衣身
起針處

2針鬆緊針條紋（下擺、袖口）

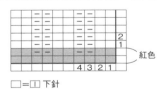

紅色

□=口 下針

NO. **33**

費爾島圖紋背心

photo » p.34

準備工具

[線材] Hamanaka Amerry 炭灰色（30）230g＝6球、墨水藍（16）25g＝1球、藍綠色（12）15g＝1球、青黃色（1）5g＝1球（M SIZE）

L・LL尺寸用線標準…L SIZE 炭灰色7球、墨水藍・藍綠色・青黃色各1球；LL SIZE 炭灰色8球、墨水藍・藍綠色・青黃色各1球

[針] 棒針5號、6號、3號

密度

10cm平方的平面編（5號針）：23針×30段、織入花樣（6號針）：23針×25段

織法重點

● 衣身以手指掛線起針後開始編織，後衣身以炭灰色編織2針鬆緊針、平面編。前衣身編織2針鬆緊針、織入花樣。袖襱、領口、後肩斜減2針以上作套收針，減1針作邊端1立針減針。

● 平面併縫肩部，挑針綴縫脇邊。衣領、袖襱處，挑指定針數並以2針鬆緊針編織成圈。V領領尖減針參照織圖。收針時，作下針織入下針，上針織入上針的套收針。

完成尺寸

	胸圍	背肩寬	衣長
M	102cm	38cm	62cm
L	106cm	40cm	65cm
LL	112cm	43cm	68cm

※無標示尺寸區分時，表示各尺寸通用。

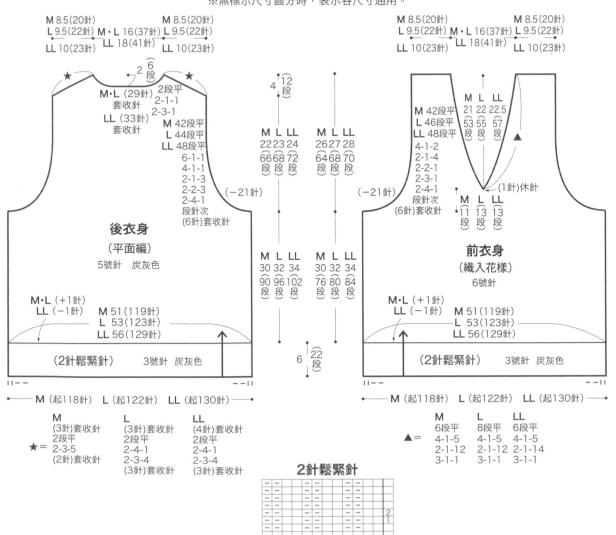

後衣身
（平面編）
5號針 炭灰色

前衣身
（織入花樣）
6號針

（2針鬆緊針） 3號針 炭灰色

M（起118針） L（起122針） LL（起130針）

2針鬆緊針

□＝□下針

→ NO. 33 費爾島圖紋背心的接續

織入花樣 （前衣身）

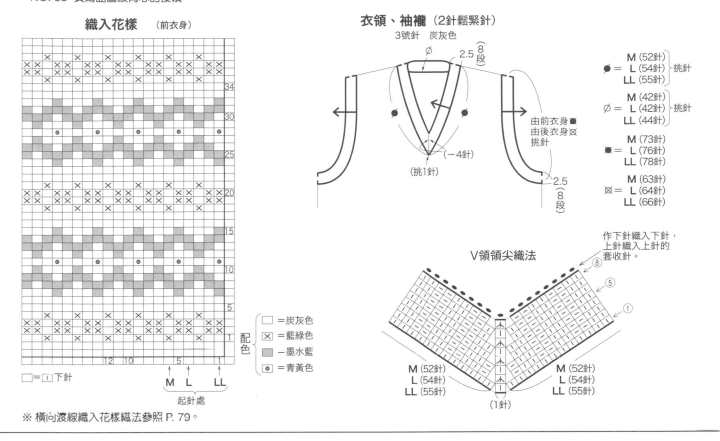

□=|| 下針

※ 橫向渡線織入花樣織法參照 P. 79。

配色
- □ =炭灰色
- ⊠ =藍綠色
- ▨ =墨水藍
- ⊙ =青黃色

衣領、袖襱（2針鬆緊針）

3號針 炭灰色

- ● = M（52針）L（54針）LL（55針）挑針
- ∅ = M（42針）L（42針）LL（44針）挑針
- ● = M（73針）L（76針）LL（78針）由前衣身●由後衣身⊠挑針
- ⊠ = M（63針）L（64針）LL（66針）

∅ 2.5（8段）

（−4針）

（挑1針）

2.5（8段）

V領領尖織法

作下針織下針，上針織入上針的套收針。

⑧ ⑤ ①

M（52針）L（54針）LL（55針）   M（52針）L（54針）LL（55針）

（1針）

→ NO. 35 多色菱格紋風背心的接續

衣領、袖襱（1針鬆緊針）7號針 深藍色

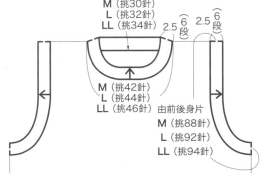

M（挑30針）L（挑32針）LL（挑34針） 2.5（6段） 2.5（6段）

M（挑42針）L（挑44針）LL（挑46針）

由前後身片 M（挑88針）L（挑92針）LL（挑94針）

※ 縱向渡線織入花樣織法參照 P. 102。

織入花樣

13針52段1組花樣

配色
- □ =深藍色
- ▨ =胭脂色
- ▨ =淺灰色

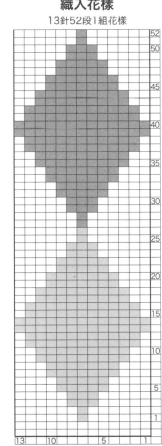

□=|| 表針

NO. **35**

多色菱格紋
風背心

photo » p.36

準備工具

[線材] Hamanaka Men's Club MASTER
深藍色（7）315 g ＝ 7 球、胭脂色
（9）・淺灰色（56）各 8 g ＝各 1 球（M
SIZE）
L・LL 尺寸用線標準…L SIZE 藏青色
8 球、胭脂色・灰色各 1 球；LL SIZE
藏青色 9 球、胭脂色・灰色各 1 球

[針] 棒針 10 號、7 號

密度

10 cm 平方的平面編、織入花樣：15.5針×20段

織法重點

● 衣身以手指掛線起針，再編織 1 針鬆緊針，
袖襱、領口處減 2 針以上作套收針，減 1 針
作邊端 1 立針減針。前衣身中心進行縱向渡
線編入花樣。

● 肩部作引拔針併縫，挑針綴縫脇邊。由領
口、袖襱處挑針，編織 1 針鬆緊針，收針
時，作下針織入下針，上針織入上針的套收
針。

完成尺寸

	胸圍	背肩寬	衣長
M	102cm	38cm	62cm
L	108cm	41cm	65cm
LL	114cm	43cm	68cm

※無標示尺寸區分時，表示各尺寸通用。

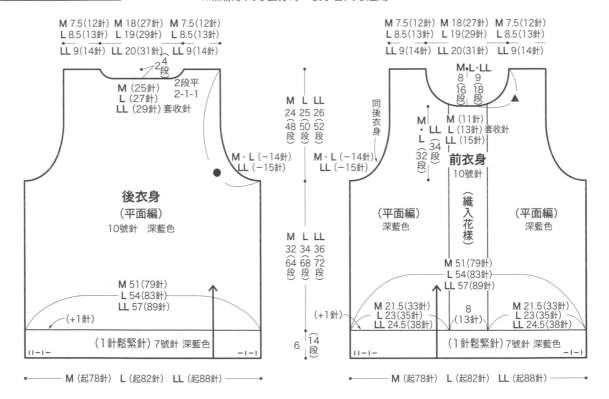

後衣身（平面編）10號針 深藍色

前衣身 10號針 （平面編）深藍色 （織入花樣） （平面編）深藍色

（1針鬆緊針）7號針 深藍色

M（起78針） L（起82針） LL（起88針）

1針鬆緊針 （衣領、袖襱）

下針織入下針，上針織入上針的套收針。

□=□ 上針

1針鬆緊針 （下襬）

□=□ 上針

→接續於 P. 111

NO. 36

拼接花樣脖圍

photo » p.37

準備工具

[線材] Hamanaka Aran Tweed 原色（1）90 g＝3球、灰色（3）75 g＝2球、炭灰色（9）70 g＝2球

[針] 棒針8號

密度

10cm平方的花樣編A：17針×29段、花樣編B：25針×25.5段、花樣編C：17針×27段

完成尺寸

脖圍 67.5 cm、長度 28 cm

織法重點

● 以別鎖起針，使用灰色線編織 130 段花樣編A。更換成原色，並加 22 針之後，編織 114 段花樣編B。更換成炭灰色，減 22 針，編織 122 段花樣編C。收針時進行休針。

● 解開起針的別線鎖針，與收針處正面相對疊合，並以炭灰色線作引拔針併縫。

休針

脖圍

（花樣編C）
炭灰色
45（122段）

（48針）
（−22針）

（花樣編B）
原色
45（114段）

（70針）
（+22針）

（花樣編A）
灰色
45（130段）

28（起48針）

135（366段）

※一律以8號針編織。

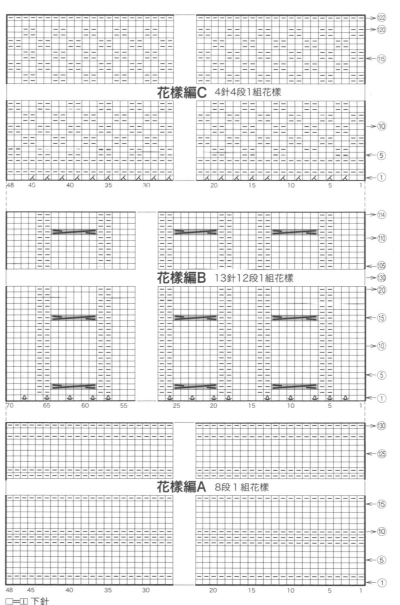

花樣編C 4針4段1組花樣

花樣編B 13針12段1組花樣

花樣編A 8段1組花樣

□=□ 下針

= 左上3針交叉

組合

引拔針併縫

NO. **34**

傳統艾倫花樣
毛衣

photo » p.35

準備工具

[線材] Hamanaka Men's Club MASTER
藍色（69）735 g = 15 球（M SIZE）
L・LL 尺寸用線標準…L SIZE 16 球；LL SIZE 17 球

[針] 棒針 10 號

密度

10cm平方的花樣編：20針×21段、桂花針：16針×21段

完成尺寸

	胸圍	衣長	連肩袖長
M	108cm	68cm	83cm
L	116cm	70cm	85.5cm
LL	122cm	72cm	88cm

織法重點

● 衣身・袖子以手指掛線起針，再編織2針鬆緊針。於下擺處進行加針後，中心編織花樣編，兩側編織桂花針。拉克蘭線作邊端3立起針的減針。前領口減2針以上作套收針，減1針則作邊端1立針減針。袖子編織方法同衣身，袖下於1針內側進行扭加針。

● 挑針綴縫拉克蘭線、脇邊、袖下，平針併縫側身針目。衣領由前後衣身、袖子挑針編織2針鬆緊針，收針時，作下針織入下針，上針織入上針的套收針。

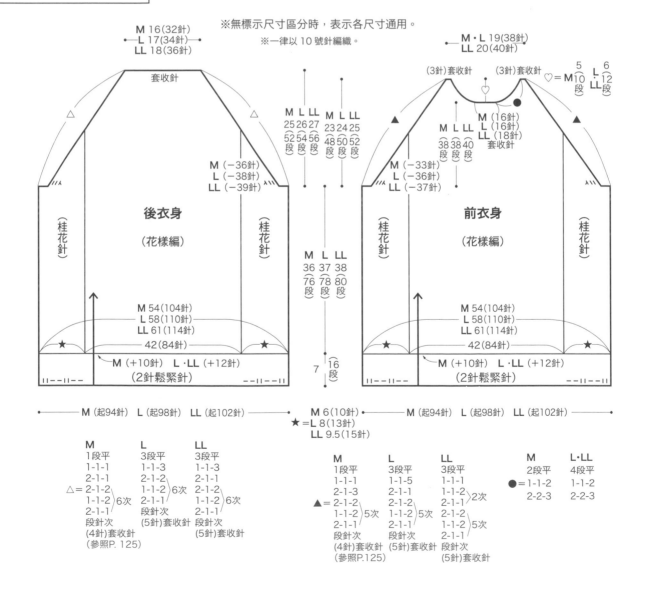

※無標示尺寸區分時，表示各尺寸通用。
※一律以 10 號針編織。

114

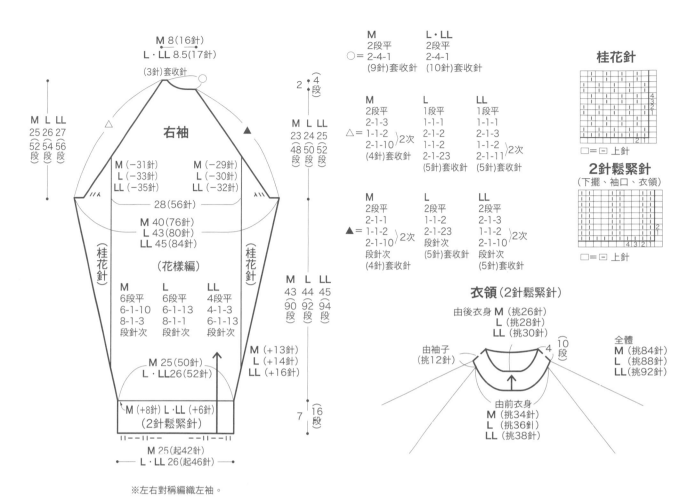

M 8(16針)
L・LL 8.5(17針)
(3針)套收針

M L LL
25 26 27
52 54 56
段 段 段

右袖

M (−31針)　　M (−29針)
L (−33針)　　L (−30針)
LL (−35針)　　LL (−32針)

28(56針)

M 40(76針)
L 43(80針)
LL 45(84針)

(桂花針)　　(桂花針)

(花樣編)

M　　　　　　LL
6段平　6段平　4段平
6-1-10　6-1-13　4-1-3
8-1-3　8-1-1　6-1-13
段針次　段針次　段針次

M 25(50針)
L・LL 26(52針)

M (+8針) L・LL (+6針)
(2針鬆緊針)

M 25(起42針)
L・LL 26(起46針)

※左右對稱編織左袖。

M	L・LL
2段平	2段平
○ = 2-4-1	2-4-1
(9針)套收針	(10針)套收針

2 (4段)

M L LL
23 24 25
48 50 52
段 段 段

M	L	LL
2段平	1段平	1段平
△ = 2-1-3	1-1-1 }2次	1-1-1 }2次
1-1-2 }2次	2-1-2	2-1-3
2-1-10	1-1-2	1-1-2 }2次
(4針)套收針	2-1-23	2-1-11 }2次
	(5針)套收針	(5針)套收針

M	L	LL
2段平	2段平	2段平
▲ = 2-1-1	1-1-2 }2次	2-1-3
1-1-2 }2次	2-1-23	1-1-2 }2次
2-1-10	(5針)套收針	2-1-10
段針次		段針次
(4針)套收針		(5針)套收針

M L LL
43 44 45
90 92 94
段 段 段

M (+13針)
L (+14針)
LL (+16針)

7 (16段)

桂花針

2針鬆緊針
(下擺、袖口、衣領)

□ = ⊟ 上針

衣領(2針鬆緊針)

由後衣身 M (挑26針)
　　　　L (挑28針)
　　　　LL (挑30針)

由袖子
(挑12針)

4 (10段)

全體
M (挑84針)
L (挑88針)
LL(挑92針)

由前衣身
M (挑34針)
L (挑36針)
LL (挑38針)

花樣編

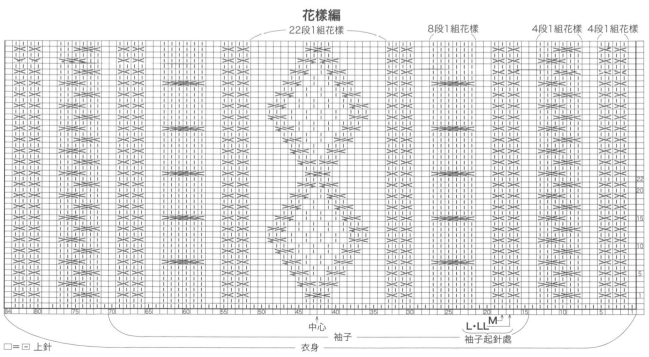

22段1組花樣　　8段1組花樣　　4段1組花樣　4段1組花樣

中心　　袖子　　　　　　L・LL M
袖子　　　　　　　　　　袖子起針處
衣身

□ = ⊟ 上針

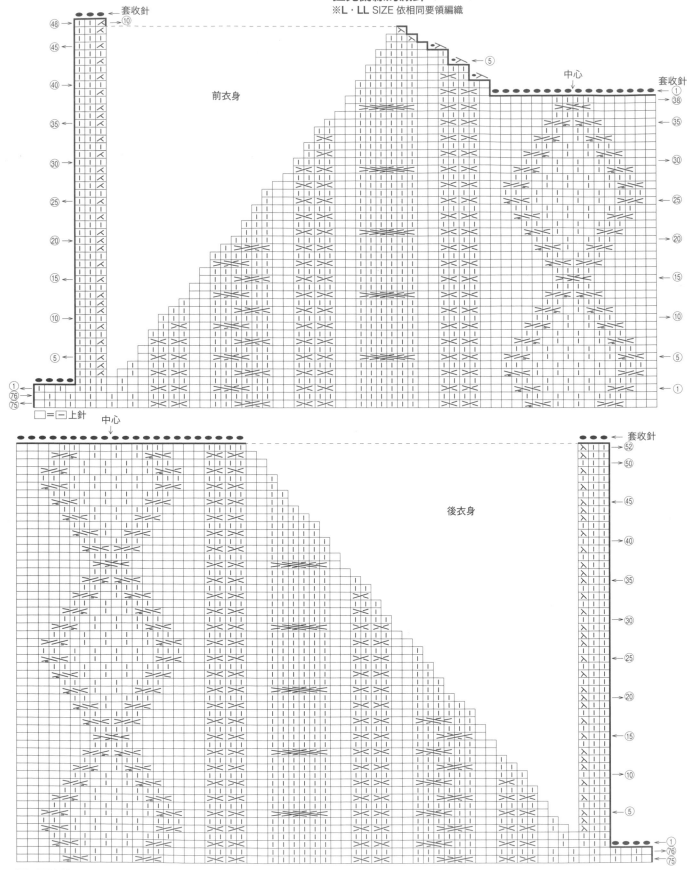

拉克蘭線的減針（M SIZE）
※L・LL SIZE 依相同要領編織

套收針

前衣身

中心

後衣身

中心

□=□上針

□=□上針

右袖（M SIZE）　※L・LL SIZE 依相同要領編織

套收針
①

後側　　　　　　　前側

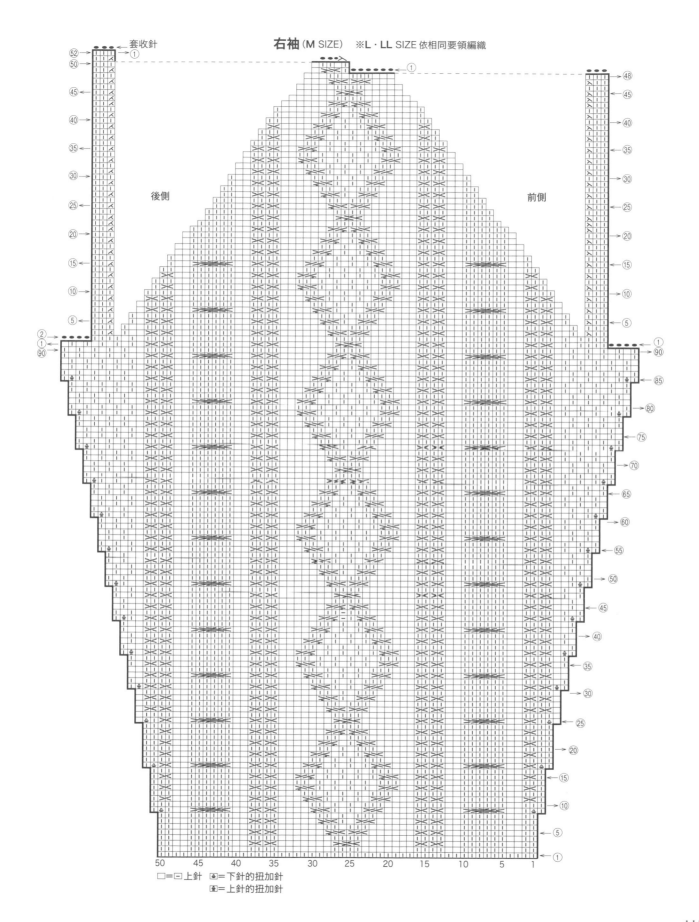

□=□=上針　●=下針的扭加針
●=上針的扭加針

NO. **38**

麻花針織帽

photo » p.39

準備工具

［線材］Hamanaka Amerry L《極太》綠
色（108）90ｇ＝3球
［針］棒針15號、12號

密度

10cm平方的花樣編：16.5針×18.5段

完成尺寸

頭圍54cm、帽深23.5cm

織法重點

● 以手指掛線起針，編織成圈。編織11段1
針鬆緊針。
● 接著的第1段一邊編織，一邊加針，編織
22段花樣編。
● 一邊進行分散減針，一邊編織12段。於最
終段的針目中，每間隔1針穿線2圈後，縮
口束緊。

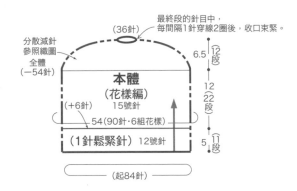

本體

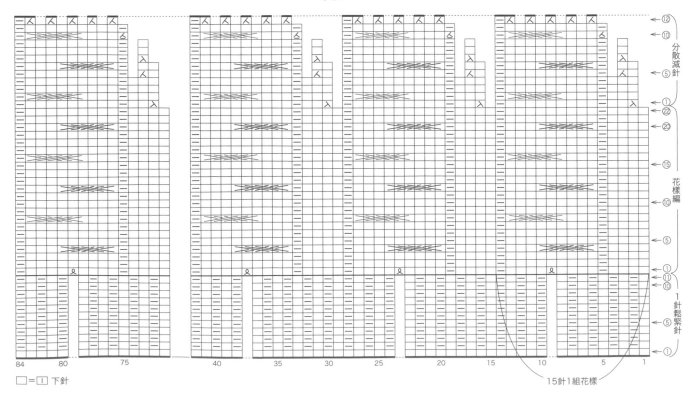

□＝□ 下針

15針1組花樣

118

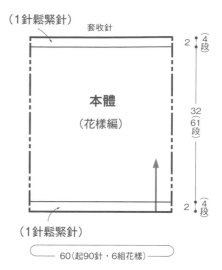

NO. 39

短版脖圍

photo » p.39

[準備工具]

[線材] Hamanaka Amerry L《極太》
綠色（108）175 g = 5 球

[針] 棒針 15 號

[密度]
10 cm平方的花樣編：15 針 × 19 段

[完成尺寸]
脖圍 60 cm、長度 36 cm

[織法重點]

● 以手指掛線起針，編織成圈，並編織 4 段 1 針鬆緊針。

● 編織61段花樣編，再編織 4 段 1 針鬆緊針。

● 收針時，作下針織入下針，上針織入上針的套收針。

本體

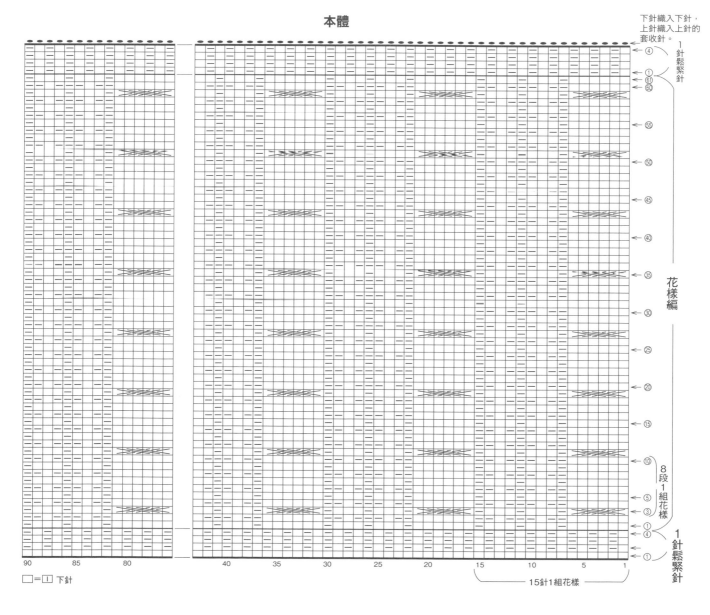

□=|| 下針

編織基礎技法

〈起針〉
手指掛線起針法

1
短線端預留約編織寬幅的3倍線長。

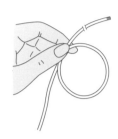

2
製作一線圈,並以左手按住交叉點固定。

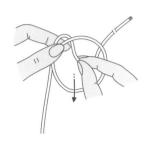

3
從線環中拉出一段短線端的織線。

4
將線環中抽出的織線作成一個小線環。

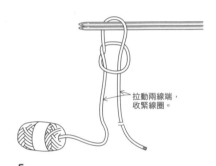

5
將2支棒針穿入小線圈之中。拉動兩側的線端後,縮小線圈。

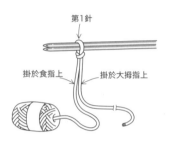

6
第1針編織完成。將短線端掛於大拇指上,長線端則掛於食指上,並以剩餘3根手指握緊2條織線。

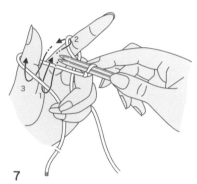

7
依照箭頭指示的順序運轉針尖,將織線掛於棒針上。

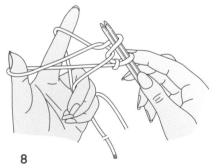

8
依序掛線,完成的模樣。

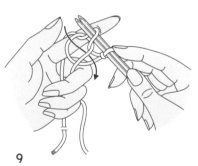

9
暫時取下掛於大拇指上的織線,並依照箭頭指示方向,大拇指再次穿入鉤住線。

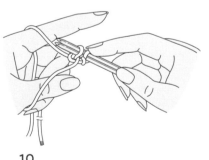

10
撐開大拇指,束緊織目。第2針編織完成。重複步驟7至10。

11
製作必要的針數。

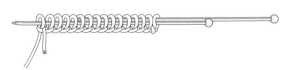

12
抽出1支棒針,開始編織。

別鎖起針法

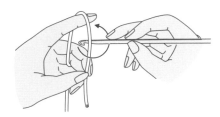

1
編織鎖針。將鉤針貼放在織線的外側,依照箭頭指示的方向轉動。

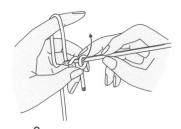

2
以手指按住交叉點,並以鉤針掛線,從線圈之中鉤出來。

3
將線端鉤出後,拉緊線圈。完成最初的針目。此一針目不算作起針。

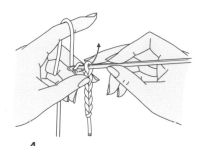

4
重複「鉤針掛線後拉出」,編織比必要針數再稍微多一些的鎖針。

5
最後,再次掛線後引拔,拉出線端之後剪線。

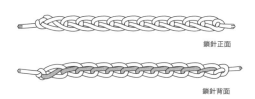

鎖針正面

鎖針背面

6
別線鎖針編織完成。

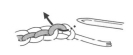

7
從別鎖終點開始挑針,依照箭頭指示,將棒針穿入鎖針裡山。

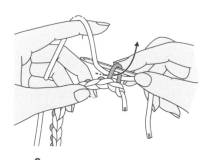

8
依編織線掛線後,一箭頭指示鉤出織線。

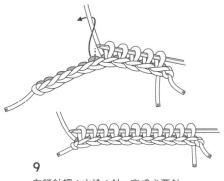

9
在鎖針裡1山挑1針。完成必要針數的模樣。

〈解開別線後挑針的方法〉

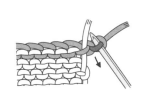

1
面向織片的背面,將棒針穿入別線鎖針的裡山處,鉤出線端後,解開結目。

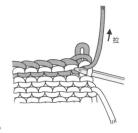

拉

2
將棒針由外側穿入邊端針目,再解開別線的鎖針。

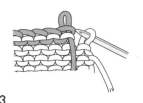

3
解開1針的模樣。一邊解開別鎖針,一邊將針目移至棒針上。

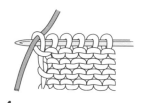

4
最後的針目則直接扭轉挑針,並抽出別鎖的線。

〈織目記號〉

□ 下針

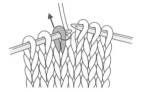

1
將織線置於外側，右棒針依箭頭指示由內側穿入針目。

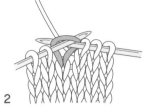

2
右棒針入針後掛線。

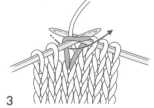

3
依箭頭指示往內鉤出織線。

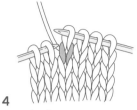

4
完成1針下針。

— 上針

1
將織線置於內側，右棒針依箭頭指示由外側穿入針目。

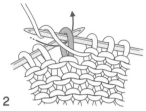

2
如圖在右棒針掛線，依箭頭指示往外鉤出織線。

3
右棒針鉤出織線後，將針目滑出左棒針。

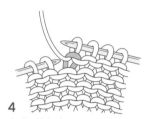

4
完成1針上針。

○ 掛針

1
將織線由內側往外側掛於右棒針上。

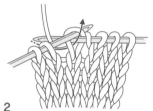

2
編織1針下針。

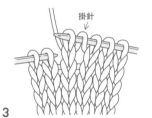

3
掛針編織完成。

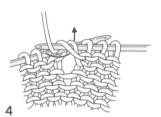

掛針

4
下一段由背面編織掛針時，則改編織上針。

♀ 扭針

1
右棒針依箭頭指示，由外側穿入扭轉針目。

2
棒針穿入針目的模樣。

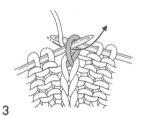

3
右棒針掛線，依箭頭指示鉤出織線。

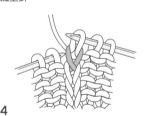

4
扭針編織完成。

♀ 上針的扭針

1
織線置於內側，右棒針依箭頭指示由外往內穿入，扭轉針目。

2
棒針穿入針目的模樣。

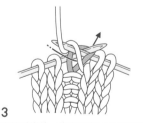

3
右棒針掛線，依箭頭指示由內往外鉤出織線，織上針。

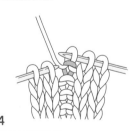

4
完成上針的扭針。

⧄ 右上2併針

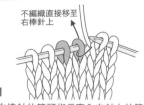

不編織直接移至右棒針上

1
右棒針依箭頭指示穿入左針上的第1針，不編織，直接移至右上針。

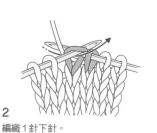

2
編織1針下針。

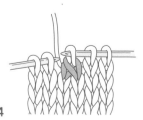

套上去

3
左棒針挑起不編織直接移動的第1針，套在先前織好的第2針上，接著滑出針目。

4
取下左棒針，完成右針目重疊在上的右上2併針。

⊡ 上針的右上 2 併針

調換位置
2 1

1
將針目調換位置。首先,依照箭頭指示穿入針目後,將針目移至右棒針上。

2
左棒針依箭頭指示穿入不編織,將針目移回左棒針上。

3
右棒針依箭頭指示穿入,2 針一起織上針。

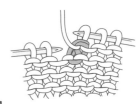

4
完成上針的右上 2 併針。

⊡ 左上 2 併針

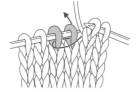

1
右棒針依箭頭指示,由 2 針的左側一次穿入 2 針目。

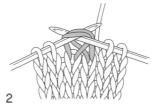

2
右棒針從左側穿入 2 針目的模樣。

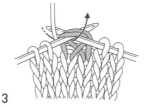

3
依箭頭指示鉤出織線,2 針一起編織下針。

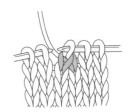

4
取下左棒針,完成左上 2 併針。

⊡ 上針的左上 2 併針

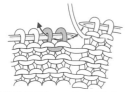

1
右棒針依箭頭指示,由 2 針的右一次穿入 2 針目。

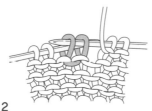

2
右棒針從右側穿入 2 針目的模樣。

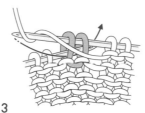

3
右棒針掛線鉤出,2 針一起編織下針。

4
取下左棒針,完成上針的左上 2 併針。

⊼ 中上 3 併針

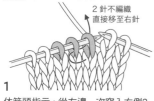

2 針不編織
直接移至右針

1
依箭頭指示,從左邊一次穿入右側 2 針,个編織直接移至右棒針上。

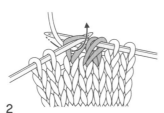

2
將右棒針穿入第 3 針,掛線後鉤出織線,織下針。

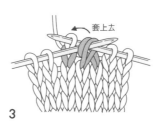

套上去

3
左棒針挑起先前移至右棒針的 2 針,套在織好的左側針目上。

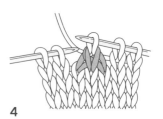

4
覆蓋針目後,左棒針滑出,完成中上3併針。

⊞ 右上 1 針交叉

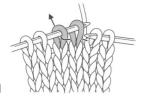

1
右棒針依頭指示,從右側穿入 2 針目。

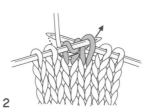

2
右棒針掛線,依箭頭指示鉤出,編織下針。

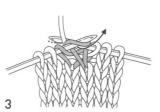

3
針目保持原狀,右棒針依箭頭指示穿入右針目,鉤出織線,編織下針。

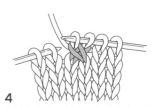

4
左棒針滑出 2 針目,完成右上 1 針交叉。

⊞ 左上 1 針交叉

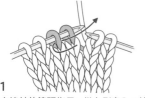

1
右棒針依箭頭指示,從左側穿入 2 針目。

2
右棒針掛線,依箭頭指示鉤出,編織下針。

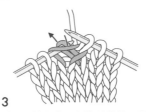

3
針目保持原狀,右棒針依箭頭指示穿入右針目,鉤出織線,編織下針。

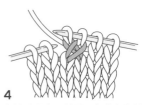

4
左棒針滑出 2 針目,完成左上針交叉。

⊠ 右上1針交叉（下方為上針）

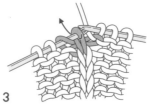

1 將織線置於內側，由右側針目的外側，依照箭頭指示將棒針穿入左側針目中，再將左側針目鉤出。

2 右棒針掛線，再依箭頭指示鉤出，編織上針。

3 針目保持原狀，右棒針穿入右針目後編織下針。

4 左棒針滑出2針目，完成右上1針交叉（下方為上針）。

⊠ 左上1針交叉（下方為上針）

1 右棒針依箭頭指示，由左側穿入左針目。

2 右棒針掛線，編織下針，將織線置於內側，右棒針依箭頭指示穿入右側針目中。

3 針目保持原狀，右棒針穿入右針目後，鉤出織線編織上針。

4 左棒針滑出2針目，完成左上1針交叉（下方為上針）。

⊠⊠⊠ 右上2針交叉

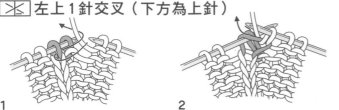

1 將右側針目1・2移至麻花針上，置於內側。針目3・4編織下針。（麻花針）

2 編織針目3・4的下針。

3 針目1・2，依序編織下針。

4 完成右上2針交叉。

⊠⊠⊠ 左上2針交叉

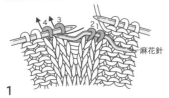
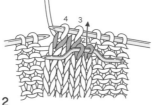
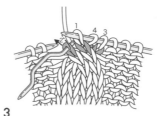
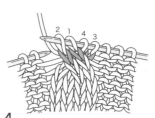

1 將右側針目1・2移至麻花針上，置於內側。針目3・4編織下針。

2 編織針目3・4的下針。

3 針目1・2，依序編織下針。

4 完成左上2針交叉。

扭加針

●右側

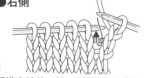
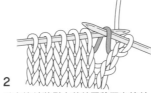
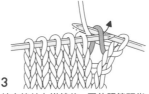
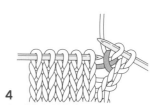

1 編織右端的1針，並依照箭頭指示穿入右棒針。

2 以右棒針將引上的線圈移至左棒針上。

3 於右棒針上掛線後，再依照箭頭指示拉出。

4 右側的扭加針完成。

●左側

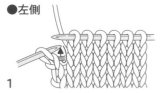

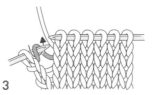
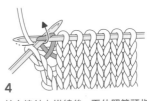

1 編織至左端的1針前，依照箭頭指示穿入右棒針。

2 以右棒針將引上的線圈移至左棒針上。

3 依照箭頭指示，將右棒針穿入已移至左棒針上的針目中。

4 於右棒針上掛線後，再依照箭頭指示拉出，左側的扭加針完成。

〈收針〉

套收針

●下針的套收針　（下針）

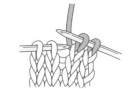

1
依序織2針目下針。

套上去

2
將右端的針目套過第二針目後，取下左棒針。

3
完成1針套收針。

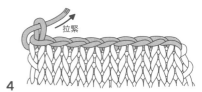

拉緊

4
繼續重複「編織下針、套上去」的步驟，編織至邊端為止。最後的針目則穿入線端後拉緊。

●下針織入下針，上針織入上針的套收針。

1
邊端針目為下針，下一針則編織上針，並將邊端針目套過第2針目。

2
下一針編織下針。

3
將右側針目套上去。重複「下針織入下針，上針織入上針的套收針」。

4
最後的針目則穿入線端後拉緊。

1針鬆緊針收縫

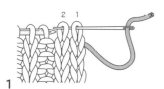

1
縫針由內往外穿過針目1，再由外往內穿過針目2。

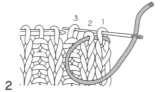

2
縫針由內往外穿過針目1與針目3。

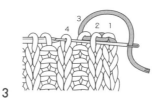

3
縫針由內往外穿過針目2，再由外往內穿過針目4（下針與下針）。

4
縫針由外往內穿過針目3，再由內往外穿過針目5（上針與上針）。

●右端為2針下針，左端為1針下針時

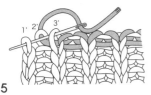

5
重複步驟3・4至左端。

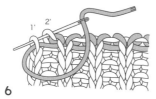

6
最後，縫針由外向內穿過針目2'，再從1'的內側出針。

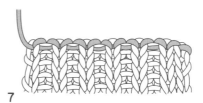

7
完成收縫。

●兩端皆為2針下針時

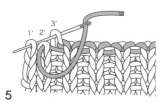

5
（步驟1至4參照上圖）由外往內穿過針目3'，並於1'的針目內側出針。

6
拉出織線的模樣。

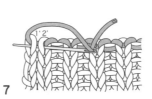

7
縫針由內往外穿過針目2'，再由外往內穿過針目1'（下針與下針）。

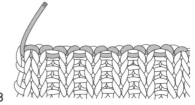

8
完成收縫。

〈併縫・綴縫〉

引拔針併縫

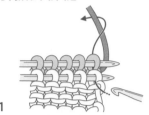

1
兩織片正面相對對齊，將鉤針由邊端內側的針目與外側的針目穿入。

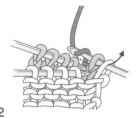

2
鉤針掛線後一次引拔2針目。

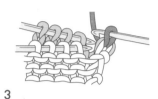

3
引拔的樣子。

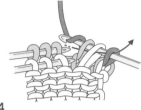

4
下一針亦將鉤針穿入內側的針目與外側的針目中，掛線後一次引拔3針目。重複步驟4，最後引拔1針目。

套收併縫

1
兩織片正面相對，對齊後將鉤針穿入內側的針目，再由外側的針目鉤出。

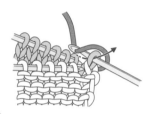

2
鉤針掛線後，引拔。

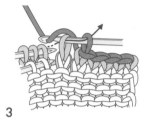

3
重複步驟1·2。

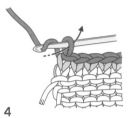

4
最後由剩餘的針目中拉出織線。

平針併縫

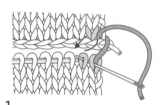

1
於未收針側的邊端針目中，由背面側穿入毛線縫針，挑縫套收針側的邊端半針。如圖所示，將毛線縫針穿入未收針側的2針及套收針側的針目中。

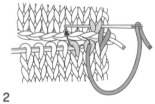

2
接著，依照箭頭指示穿入毛線縫針。

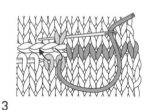

3
重複「未收針側由正面入針，於正面出針，套收針側呈逆八字形挑2條線」。

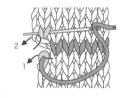

4
最後依照箭頭指示，於內側針目中穿入毛線縫針，並於套收針側針目的半針外側穿入毛線縫針後，完成。

●兩側皆為套收針時

依照無線端的內側邊端針目、外側邊端針目的順序，由外側穿入毛線縫針。依照箭頭指示，於內側針目穿入毛線縫針，如圖所示逐一併縫。

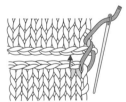
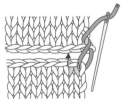
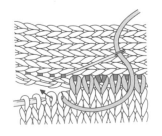

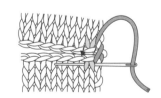
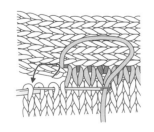

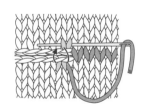
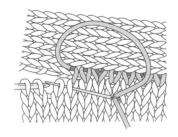

針目與織段的併縫

一側為針目，一側為織段時的併縫方法。織段側挑一段，針目側則於2針中穿入毛線縫針。織段側較多時，可挑2段進行調整。拉線至併縫線看不見為止。

挑針綴縫

● 直線部分

以毛線縫針，挑縫內側與外側的起針。接著，每1段交替挑縫邊端1針內側的針目間線圈（sinker loop）後拉線。拉線至併縫線看不見為止。

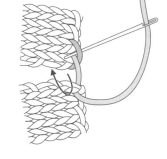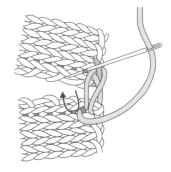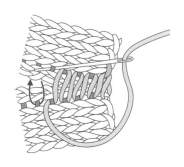

● 加針部分

由加針的交叉部分下方穿入毛線縫針，並於另一側加針的交叉部分，由下穿入毛線縫針，一併挑縫下一段邊端1針內側的針目間線圈。

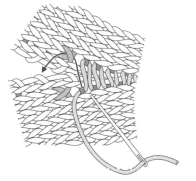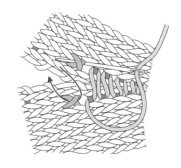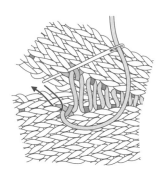

● 減針部分

減針部分則是將毛線縫針穿入邊端1針內側的針目間線圈，以及減針後重疊的下側針目的中心。接著，一併挑縫減針部分及下一段邊端1針內側的針目間線圈。

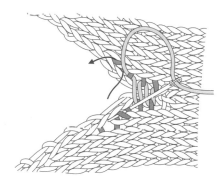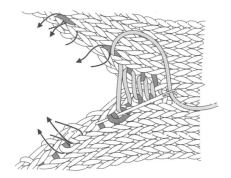

引拔綴縫

● 綴縫織段

將織片正面相對疊合，一邊以鉤針引拔，一邊綴縫。

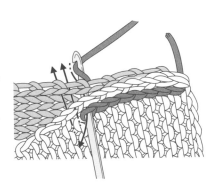

● 綴縫曲線

將織片正面相對疊合，並用珠針固定各處後，一邊以鉤針引拔，一邊綴縫。

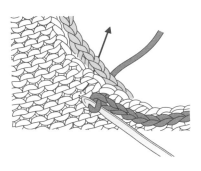

國家圖書館出版品預行編目資料

經典花樣男子精選手織服/日本VOGUE社編著；
彭小玲譯. -- 初版. -- 新北市：雅書堂文化事業有
限公司, 2024.01
　　面；　　公分. -- (愛鉤織；72)
　ISBN 978-986-302-696-9(精裝)

1.CST: 編織 2.CST: 服飾 3.CST: 手工藝

426.4　　　　　　　　　　　112021071

【Knit・愛鉤織】72

經典花樣
男子精選手織服

作　　者／日本VOGUE社編著
譯　　者／彭小玲
發 行 人／詹慶和
特約編輯／蘇方融
執行編輯／詹凱雲
編　　輯／劉蕙寧・黃璟安・陳姿伶
執行美編／陳麗娜
美術編輯／周盈汝・韓欣恬
出 版 者／雅書堂文化事業有限公司
發 行 者／雅書堂文化事業有限公司
郵撥帳號／18225950
戶　　名／雅書堂文化事業有限公司
地　　址／新北市板橋區板新路206號3樓
電　　話／（02）8952-4078
傳　　真／（02）8952-4084
網　　址／www.elegantbooks.com.tw
電子郵件／elegantbooks@msa.hinet.net

2024年1月初版一刷　定價480元

MEN'S KNIT SELECTION（NV80685）
Copyright © NIHON VOGUE-SHA 2021
All rights reserved.
Photographer: Noriaki Moriya, Yukari Shirai
Original Japanese edition published in Japan by NIHON VOGUE Corp.
Traditional Chinese translation rights arranged with NIHON VOGUE Corp.
through Keio Cultural Enterprise Co., Ltd.
Traditional Chinese edition copyright © 2023
by Elegant Books Cultural Enterprise Co., Ltd.

經銷／易可數位行銷股份有限公司
地址／新北市新店區寶橋路235巷6弄3號5樓
電話／(02)8911-0825
傳真／(02)8911-0801

STAFF

作品設計	會津有人、大森さゆみ、岡本真希子
	笠間綾、風工房、鎌田恵美子、河合真弓、岸睦子
	鄭幸美、武田敦子、野口智子、橋本真由子
	林久仁子、兵頭良之子、山本玉枝
	横山純子、りょう
書籍設計	吉村亮、石井志歩（Yoshi-des.）
攝影	森谷則秋、白井由香里
造型	絵内友美、串尾広枝、奥田佳奈、川村繭美
編輯協力	小林美穂、小林奈緒子、森岡圭介
	斎藤あつこ、谷山亜紀子
編輯	竹岡智代
責任編輯	曽我圭子